中国古代名著全本译注丛书

考工记

译注

闻人军　译注

图书在版编目（CIP）数据

考工记译注 / 闻人军译注 . —上海：上海古籍出
版社，2021.11（2024.6重印）
（中国古代名著全本译注丛书）
ISBN 978-7-5732-0048-8

Ⅰ. ①考… Ⅱ. ①闻… Ⅲ. ①手工业史—中国—古代
Ⅳ. ①N092

中国版本图书馆CIP数据核字（2021）第226709号

中国古代名著全本译注丛书
考工记译注
闻人军 译注
上海古籍出版社出版发行
（上海市闵行区号景路159弄A座5F 邮政编码201101）
（1）网址：www.guji.com.cn
（2）E-mail：guji1@guji.com.cn
（3）易文网网址：www.ewen.co
江阴市机关印刷服务有限公司印刷
开本 890×1240 1/32 印张 8.375 插页 5 字数 198,000
2021 年 11 月第 1 版 2024 年 6 月第 2 次印刷
印数：2,101—3,150
ISBN 978-7-5732-0048-8
N.25 定价：45.00 元
如有质量问题，请与承印公司联系

前　言

　　《考工记》是我国第一部手工艺技术汇编，名闻中外的古代科技名著。

　　已故科学史家钱宝琮先生曾经指出："研究吾国技术史，应该上抓《考工记》，下抓《天工开物》。"这一见解十分精辟。恩师王锦光先生曾闻道于钱先生，后来他把这个师训传给了我。的确，综观中国古代技术史，如果说明末的《天工开物》（初刊于1637年）给我国古代技术传统以成功的总结，那么为其作出光彩的开端的，就非《考工记》莫属了。英国科学史家李约瑟博士（Joseph Needham，1900—1995）在其皇皇巨著《中国科学技术史》中，视《考工记》为"研究中国古代技术史的最重要的文献"。中国科学院院士、中国科学技术大学副校长钱临照（1906—1999）先生称"考工记乃我先秦之百科全书"（《〈考工记〉导读》1996年第二版题字），代表了科技史界的主流看法。

　　《考工记》的作者佚名，文字简古，亦非一时一地一人所作。关于它的成书年代，曾经有过种种说法。其中郭沫若先生的"春秋末年成书说"，在海内外产生过较大的影响；但不少领域的专家学者认为它是战国时期的著作。也有早至西周、春秋早期，晚至秦、汉成书的观点。时至今日，《考工记》成书年代之争仍在继续。

　　笔者认为：《考工记》的内容绝大部分是战国初年所作，有些材料属于春秋末期或更早，编者间或引用周制遗文；在流传过程中，已有所增益或修订。然从总体上说，《考工记》采用齐国的度量衡制度，引用不少齐国方言，大部分记载能和战国初期的出土文物资料相互印证，应视为战国初期齐国之书。鉴于《考工记》以大量篇幅记载器物制作规范，又有不少地方记载考核要领，是供百工系统遵循的指南，称之为战国初期齐国的官书是恰当的。

战国时期，《考工记》已以某种形式流传。其对齐国官府手工业的影响应最直接，而对其他诸侯国，可起参考作用而未必有约束力。再加上各国度量衡制度不统一，《考工记》在战国时期的作用有待继续深入探讨。经过秦灭六国的战火，又遭焚书之劫，《考工记》曾一度散佚。西汉时复出，由于偶然的机会，跻身经书之列，身价倍增。相传西汉河间献王刘德因《周官》六官（天、地、春、夏、秋、冬）缺《冬官》篇，遂以此单行之书补入。当时流传的有古文本，也有今文本。刘向、刘歆父子校后，有了隶定之本。刘歆时改《周官》名《周礼》，故亦称《周礼·冬官考工记》。《考工记》作为经书的一部分，长期受人青睐，庠序弦诵，流传至今。《周礼》的版本很多，加上单解《考工记》的本子，含《考工记》的各种版本达数百种。现在最古的是唐文宗开成二年（837）以楷书写刻的"唐开成石壁十二经"，世称"开成石经"或"唐石经"。宋刻本尚存十多种。常见的善本是1929年上海商务印书馆《四部丛刊》本，系据叶德辉观古堂所藏明嘉靖间翻元初岳氏相台本《周礼》十二卷影印。此即本书整理今译所用的底本。

今本《考工记》虽仅7100余字，但以其科技内容之丰富，信息量之大，在先秦古籍中独树一帜。它与几乎同时代的《墨经》一起，好比两颗璀璨的科技明珠，交相辉映于先秦科学技术和自然科学领域。实际上，《考工记》和《墨经》代表的是先秦科技结构的两种可能的发展方向。后来，中国古代社会选择了与之匹配的《考工记》系统，冷落了与古希腊演绎科学相似（或许还有亲缘关系）的《墨经》。这种结果，与《考工记》的内容大有关系。

《考工记》的开首，叙述"百工之事"的由来和特点。尔后，以主要的篇幅，分述当时官营手工业和家庭小手工业的主要工种，凡三十工。即："攻木之工"七（轮、舆、弓、庐、匠、车、梓）"攻金之工"六（筑、冶、凫、栗、段、桃）、"攻皮之工"五（函、鲍、韗、韦、裘）、"设色之工"五（画、缋、锺、筐、㡛）、"刮摩之工"五（玉、栉、雕、矢、磬）、"抟埴之工"二（陶、瓬）。内中"段氏""韦氏""裘氏""筐人""栉人""雕人"条文已阙，仅存名目；而"舆人为车"条之后衍出了"辀人为辀"条，故今本《考工记》实际上含有二十五个工种的具体内容。推想西汉整理时，各工种的记述次序已据各条留存字数多寡有所调整，编为字数大致相等的上下两卷（即《周礼》卷十一、十二）。尽管整理者作出了巨大努力，传本《记》文前后错简之处仍在十处以上，需要校勘。汉承秦制，《汉书》"百官公卿表"中的"少府"掌山海池泽之税，以给供养，"考工室"为其属官之一。《考工记》之名，究竟来自先秦古书还是西汉整理者所加，现有资料尚难以确认。

《考工记》卷上（《周礼》卷十一）记述的工种有：轮人、舆人、辀人、筑氏、冶氏、桃氏、凫氏、栗氏、段氏（阙）、函人、鲍人、韗人、韦氏（阙）、裘氏（阙）、画缋、锺氏、筐人（阙）、慌氏。卷下（《周礼》卷十二）记述的工种有：玉人、榔人（阙）、雕人（阙）、磬氏、矢人、陶人、旅人、梓人、庐人、匠人、车人、弓人。我们可以把这些内容从六个不同的角度作一概括的介绍：

一、以"轮人""舆人""辀人"和"车人"等为代表的制车系统

作者首先介绍了木制马车的总体设计，并在"轮人""舆人"和"辀人"条中，详细记载了木车四种主要部件轮、盖、舆、辕的情形。无论是车轮的设计规范和制作工艺，还是"规""萬""悬""水""量""权"六种检验车轮质量的方法，无不体现了先秦时期手工艺技术之进步。作者间或作些简单的力学分析，如关于曲辕的形制及其优缺点的讨论，关于材料大小不相称不宜配合的观点等，往往有独到的见解。文中描述"马力既竭，辀犹能一取焉"，这是我国古籍中关于物理学中的惯性现象的最早记载。"辀人"条中与二十八宿有关的记述在我国古籍中也是最早的，它与湖北随县曾侯乙墓出土的漆箱盖上的二十八宿图像相得益彰，在中国古代天文学史上留下了重要的一页。"车人"条叙述古农具末和木制牛车的形制、特点，定义了"矩""宣""欘""柯""磬折"等一整套当时工程上实用的几何角度，在历史上起过一定的作用，

给我国古代数学史增添了光彩。

二、由"金有六齐"统率的铜器铸造系统，包括"筑氏""冶氏""桃氏""凫氏""栗氏"及"段氏"等

我国进入青铜时代虽比西亚为晚，但是后来居上，创造了举世闻名的青铜文化。在冶金方面，不但生产出许多庄重精美的青铜器，而且探索一般规律，进行了初步的理论总结，《考工记》中的"金有六齐"和"铸金之状"正是其生动体现。《考工记》说："金有六齐：六分其金而锡居一，谓之钟鼎之齐；五分其金而锡居一，谓之斧斤之齐；四分其金而锡居一，谓之戈戟之齐；叁分其金而锡居一，谓之大刃之齐；五分其金而锡居二，谓之削杀矢之齐；金、锡半，谓之鉴燧之齐。"这是商周以来积累的青铜合金中铜、锡（包括铅）配比知识的系统归纳，在世界上属首次著录；以近现代科技知识来衡量，亦符合科学道理，多年来一直受到国际科学史界的重视。"栗氏"条对"铸金之状"即冶铸火候的描述，根据焰色变化规律掌握火候，实是近世光测高温术的滥觞。该条记载的标准量器"鬴"，昔日是王莽托古改制、制作嘉量的主要依据，如今成了研究先秦度量衡史、数学史的不可多得的资料。

三、以"弓人""矢人""冶氏""桃氏""庐人""函人"和"鲍人"等为代表的弓矢兵器、制革护甲系统

由于春秋战国时期战事频仍，兵器制造在手工业中占有突出的地位，防护装备也有相应的发展。《考工记》中记载了戈、戟、剑、矛、殳、弓和矢等多种兵器的形状、大小和结构特点，其中弓矢的制作工艺尤为详备，力学（特别是流体力学）知识的萌芽随处可见。比如：关于箭杆强弱（桡度大小）对箭行轨道的四种影响，分级垂重测试弓力的方法，射手、弓、矢三者的合理搭配等记载，文字精练，内涵丰富，颇有研究价值。"弓人"条关于制弓经验的总结，后世发展为"弓有六善"说，促进了制弓术的进步；射手、弓、矢三者的合理搭配，对于现代射箭运动犹有一定的参考价值。

四、以"梓人""玉人""凫氏""韗人""磬氏""画缋""锺氏""幌氏"等为代表的礼乐饮射系统

书中记述了玉圭、射侯等礼器，钟、鼓、磬等乐器及悬挂乐器的筍虡，勺、爵、觚、豆等饮器，多种设色工艺，以及相关的科学知识。它们既是研究先秦社会制度、生活、礼乐等各种情况的参考资料，又是研究古代纺织染色技术和工艺美术设计的重要史科。商周双音钟制法失传以后，"凫氏"制钟的记载曾是历朝仿制古钟的重要根据，现今则被视为一篇优秀的制钟术论文，为先秦编钟的研究提供了饶有兴味的话题。

五、以"匠人"为代表的建筑水利系统

"匠人"条记载了夏、商、周三代，主要是周代的都城、宫室建筑规划，以及沟洫水利设施的情形，并为探索井田制的发展留下了宝贵的资料。它还记述了以水平法测地平，通过测日影确定方向的原始测量术。《考工记·匠人》对后世的王城规划和建筑业有重大的影响。从东汉至清，我国都城规划基本上都是继承"匠人"王城规划传统的产物；它的建筑技术，被北宋李诫的《营造法式》一再引用，奉为楷模。

六、以"陶人"和"㽍人"为代表的制陶系统

《考工记》记述了甗、盆、甑、鬲、庾、簋、豆的形制，关于陶瓷工艺所花的笔墨虽然不多，毕竟是先秦文献中最集中的陶瓷史料。其中描述的制陶工具"膞"，简便实用。

此外，《考工记》的字里行间渗透着先秦天人合一的思想，体现了一种科学与人文的精神。

《考工记》上承我国古代奴隶社会青铜文化之遗绪，下开封建时代手工业技术之先河，携带着社会欢迎的科技信息，广为流传，在历史上发挥过重要的作用和影响。自汉代以降，《考工记》研究从来没有停止过。两千多年来的《考工记》研究，大体上可以分为

五个阶段：

1. 创始期（两汉），代表人物郑玄（127—200），代表作为《周礼注》。

2. 发展期（魏晋—隋唐），代表作是陆德明（约550—约630）的《经典释文》、贾公彦的《周礼疏》。

3. 普及期（宋元明），代表作是王安石（1021—1086）、林希逸（1193—1271）、徐光启（1562—1633）的三部同名的《考工记解》。

4. 考据期（清），代表作是江永的《周礼疑义举要》、戴震（1724—1777）的《考工记图》、程瑶田（1725—1814）的《考工创物小记》、孙诒让（1848—1908）的《周礼正义》等。

5. 百花期（近现代），这一阶段，传统研究方法继续发挥作用，更由于考古学成果和近现代科技知识源源不断地引入，《考工记》研究的深度和广度均达到了前所未有的水平，呈现出百花齐放的局面。对《考工记》作了系统研究的专著有林尹的《周礼今注今译》（1972），拙著《考工记导读》（1988、1996、2008）、《考工记导读图译》（1990）、《考工记译注》（1993、2008）、《考工司南》（2017），戴吾三的《考工记图说》（2003），张道一的《考工记注译》（2004），刘道广、许旸、卿尚东的《图证〈考工记〉》（2012），关增建、赫尔曼《考工记翻译与评注》（2014），张青松《巧工创物〈考工记〉白话图解》（2017），徐峙立、王敬群的《考工记：中英对照版》（2018）等。《考工记》专题研究的专著，前有贺业钜（1914—1996）的《考工记营国制度研究》（1985），后有汪少华的《中国古车舆名物考辨》（2004）、《〈考工记〉名物汇证》（2019），陈殿的《〈考工记图〉校注》（2014），李亚明的《〈考工记〉名物图解》（2019）等。《考工记》研究的博士学位论文，有戴吾三的《齐国科技史研究》（1996）、张言梦的《汉至清代〈考工记〉研究和注释史述论稿》（2005）、李亚明的《〈周礼·考工记〉先秦手工业专科词语词汇系统研究》（2006）、顾莉丹的《〈考工记〉兵器疏证》（2011）等。林尹之后，因注译《周礼》兼而注译《考工记》的也已有好几种本子，如杨天宇《周礼译注》（2004），吕友仁《周礼译注》（2004），徐正英、常佩雨译注的《周礼》(2014)等。1996年8月，第一届中国科技典籍国际会议在山东淄博举行，会议主题是"《考工记》及其他"，会后出版了华觉明主编的《中国科技典籍研究——第一届中国科技典籍国际会议论文集》(大象出版社，1998)。对《考工记》某一方面深入研究探讨的论著则不胜枚举。20世纪的《考工记》研究概况，可参阅李秋芳的《20世纪〈考工记〉研究综述》(载《中国史研究动态》2004年第5期)。进入21世纪以来，古为今用，《考工记》吸引了更多的读者。从各种角度研究《考工记》的硕博士学位论文和专家学者百家争鸣，在文化传承的百花园中形成了一道亮丽的风景线。

《考工记》不仅是我国人民的科学文化遗产，而且是全人类的共同财富。

至迟在唐代，《考工记》已随着《周礼》东渡日本。宋初，板本《周礼》输入朝鲜。11世纪中，《周礼》有了朝鲜刻本。约自明代起，《周礼》有了日本开版本。其中有些又流进中国，如：《周礼注疏》六卷宽永(1624—1643)刊本，《周礼注疏》四十二卷宽延二年(1749)刊本等。不晚于18世纪，日本的《考工记》研究已从《周礼》中独立出来。宝历二年(1752)，上野义刚著述、井口文炳订补之《考工记管籥》三卷刊行。首部《考工记》日文全译本见于1977—1979年间株式会社秀英出版的《周礼通释》二卷，译者是本田二郎。

欧洲传教士和学者认识《周礼·考工记》应可上溯到明末清初的第一次西学东渐。17世纪、18世纪，许多中文书籍流入欧洲，《考工记》随着《周礼》作为中国经典的一部分传入西方。法国汉学家毕瓯(E. C. Biot，1803—1850)率先将《周礼》译成法文(*Le Tcheou-li ou Rites des Tcheou*)，于1851年在巴黎出版，这也是《考工记》西文译本之始，对《考工记》的流传起到了重要的作用。英国驻福州领事馆翻译金执尔(William R. Gingell)于1849年请华人林高怀为其讲解胡必相的《周礼贯珠》，翌年完成了该书的英译，1852年在伦敦出版了《〈周礼贯珠〉所见公元前1121年中国人的礼仪》(*The Ceremonial Usages of The Chinese, B.C. 1121. As*

Prescribed in The "Institutes of The Chow Dynasty Strung as Pearls"）。
西方学术界将其视为《周礼》的英文节译本。从某种意义上说，也
可视为《考工记》的英文节译本。1980 年前后，联合国教科文组织
计划将《考工记》先译成现代汉语，再译成英、法、俄、西班牙和
阿拉伯文，从而形成联合国通用的六种工作语言的《考工记》，以
广流传和研究。惜无后续消息。2012 年夏，拙译《中国古代技术
百科全书——考工记译注》（*Ancient Encyclopedia of Technology —
Translation and annotation of the Kaogong ji*［*the Artificers' Record*］）
由英国的劳特利奇出版社（Routledge，2013）出版，在伦敦和纽
约先后发行。至此，《考工记》有了正式出版的英文全译本。《考工
记》的第一个德文译本是赫尔曼（Konrad Herrmann）的德文译注
（关增建、Konrad Herrmann 译注：《考工记翻译与评注》，2014 年）。

国外近现代的《考工记》研究发端于"金有六齐"。日本考古
学和科技史界（如原田淑人、林巳奈夫、薮内清、吉田光邦等）均
对《考工记》作过不少研究，成果显著。西方科技史界的《考工
记》研究，则以李约瑟等的《中国科学技术史》系列著作为代表。

展望下一阶段，可以预期新的考古发现、现代化技术手段和
传统研究方法的结合、多学科综合研究、各种不同观点的学术讨论
等，必将推动《考工记》研究继续向前发展。

闻人军
1988 年 8 月于杭州大学
2007 年 10 月修改于美国加州硅谷
2020 年 10 月修改于美国加州硅谷

目　录

卷　上

总　叙

国有六职，百工与居一焉[1]。或坐而论道；或作而行之；或审曲面埶[2]，以饬五材[3]，以辨民器[4]；或通四方之珍异以资之；或饬力以长地财；或治丝麻以成之[5]。坐而论道，谓之王公[6]。作而行之，谓之士大夫。审曲面埶，以饬五材，以辨民器，谓之百工。通四方之珍异以资之，谓之商旅。饬力以长地财，谓之农夫。治丝麻以成之，谓之妇功[7]。粤无镈[8]，燕无函[9]，秦无庐[10]，胡无弓车[11]。粤之无镈也，非无镈也，夫人而能为镈也；燕之无函也，非无函也，夫人而能为函也；秦之无庐也，非无庐也，夫人而能为庐也；胡之无弓车也，非无弓车也，夫人而能为弓车也。知者创物[12]，巧者述之[13]，守之世，谓之工。百工之事，皆圣人之作也。烁金以为刃[14]，凝土以为器，作车以行陆，作舟以行水，此皆圣人之所作也。

【注释】

〔1〕百工：周代主管营建制造的职官名，亦可指各种工匠。东汉郑玄注《考工记》："百工，司空事官之属。……司空，掌营城郭，建都邑，立社稷宗庙，造宫室车服器械，监百工者。"

〔2〕审曲面埶：审，审视、考察、评估。面，主要存在两说：一说解作名词。如郑众注："审曲面埶，审察五材曲直方面形埶之宜以治之，及阴阳之面背是也。"从者甚众。另一说解作动词。如《中文大辞典》"面稽"条说："面，考也。按，面即审也。审字下从田，形略与面近。《周礼·冬官考工记》："或审曲面势，盖合用则审面并列。"（张其昀主编《中文大辞典》第三十六册，台北，中国文化学院出版部，1968年，第338页。）笔者认为此处"面"以解作动词为佳。埶，同"势"。"审曲"是指审视材料的外部特征（如曲直等），"面势"是指考察材料的内在特性。李志超认为："面势者，于地形水土之势，或金木革石之力作过细察看也。审曲为考形，面势为察力，四字合而为骈骊之文，造语甚佳。"（参见李志超《考工记与科技训诂》，载华觉明主编《中国科技典籍研究——第一届中国科技典籍国际会议论文集》，大象出版社，1998年，第43页。）审曲面势，后世引申为审方面势。北宋沈括《梦溪笔谈》卷十八技艺："审方面势，覆量高深远近，算家谓之缀（wèi）术。"南宋秦九韶《数书九章序》曰："系于方圆者为缀术……缀术精微，孰究厥真。差之毫厘，谬乃千里。"元李冶《测圆海镜》中将最小的句股形称为缀句股形。《周髀算经》："昔者周公问于商高……商高曰：数之法出于圆方……故折矩，以为勾广三，股修四，径隅五……得成三四五。两矩共长二十有五，是谓积矩。"已用积矩法推导得成勾股定理。（参阅程贞一、闻人军《周髀算经译注》，上海古籍出版社，2012年，第1—6页。）综合以上信息，可知"缀术"是我国古代的一门与勾股术有关的应用算术，用于考察、选择、规划用材，审察、测量地势高低、距离远近等。《考工记》的记载表明，当时已有缀术的雏形。

〔3〕饬（chì）：整治，整顿。　五材：五种材料。郑玄根据《考工记》的分工原则，以为"此五材（为）金（铜）、木、皮、玉、土"。

〔4〕辨："办"的本字，置备，制备。

〔5〕丝：蚕丝，纺织原料，具有柔韧、弹性、纤细、滑泽、耐酸等特点。我国是蚕丝的发源地，对蚕的认识可以上溯到六千多年前。在距今四五千年前的良渚文化时期，养蚕、缫丝、织绸技术已相当成熟。夏至战国，我国是世界上唯一的养蚕、缫丝、织绸的国家，分布地区很广。春秋时，齐国都城临淄附近已有茂密的桑林。战国时，齐鲁逐渐发展为重要的蚕桑丝绸产地，齐地的丝织业能织作冰纨绮绣纯丽之物，号称"冠带衣履天下"。　麻：古代专指大麻，也泛指亚麻、苎麻、苘（qǐng）麻等麻纤维。大麻，桑科一年生草本植物。亚麻，亚麻科一年生草本植物。苎麻，又名纻（zhù），荨（qián）麻科的多年生草本（或灌木）植物。苘麻，锦葵科一年生的草本植物。大麻、苎麻和葛（一种豆科藤本植物）的茎皮纤

维是当时主要的植物纤维原料。

〔6〕王公：郑玄注："天子、诸侯。"《周礼·冬官考工记》作"三公"。《北堂书钞》卷五十引许慎《五经异义》曰："古《周礼》说：天子立三公，曰太师、太傅、太保，无官属，与王同职，故曰：'坐而论道，谓之三公。'"阮元《周礼注疏校勘记》认为："谓之三公"有误。

〔7〕妇功：女功，又称女红（gōng），指纺织、缝纫等事。

〔8〕粤：同"越"，春秋战国时国名，亦称"於越"。据今浙江一带，建都会稽（今浙江绍兴）。勾践（？—前465）时发愤图强，经过十年生聚、十年教训，日益强盛。青铜冶铸业居于全国先进水平。勾践灭吴后，在徐州（今山东滕县南）大会诸侯，一度称霸。除浙江北部外，还据有江苏大部和安徽、江西的一部分。公元前四世纪末为楚国所灭亡。郑玄认为："粤地涂泥，多草秽，而山出金锡，铸冶之业，田器尤多。" 鎛（bó）：锄草的青铜农具。一说释为锄，《释名》："鎛，锄类也。"一说释为铲。

〔9〕燕：公元前十一世纪周王朝分封的诸侯国，在今河北北部和辽宁西端，建都蓟（今北京城西南隅）。战国时成为七雄之一。燕国拥有制造皮甲的先进技术，皮甲制业相当普及，连燕王哙（前320—前312在位）也"身自削甲札，妻自组甲绁"（《战国策·燕策》）。优良的防护装备与先进的进攻性武器相反相成，随后燕国的钢铁兵器也居于全国前列。 函：皮甲或铠甲。《考工记》中的函人负责制造皮甲，文中尚无关于铁铠的明确记载。

〔10〕秦：古国名。秦襄公（前777—前766在位）时被周平王（前770—前720在位）封为诸侯。春秋时占有今陕西中部和甘肃东南端，建都于雍（今陕西凤翔东南）。二十世纪八十年代，在秦都雍城一带取得了一系列的考古发现，特别是1986年5月揭椁的秦公（可能是秦景公）大墓更为引人注目。秦公大墓及其陵园出土的一批文物表明，秦人已经使用了铁铲、铁锸、青铜手钳等较为先进的生产工具；秦国不但有强大的军事、经济实力，而且还有发达的文化基础。由于秦国注重车战，制造车战用的长兵器之柄的手工业亦相当发达。公元前221年，秦王嬴政统一中国，称始皇帝。 庐：指戈、戟、矛等长兵器（包括无刃的殳）的竹、木柄。戈、戟、矛、殳的解释详后。制庐器的低级工官或工匠称为庐人。

〔11〕胡：戎狄，古代我国北方和西北方少数民族的通称。戎狄称胡，始于战国。 弓车：弓和车。中外文物考古工作者已在蒙古高原上发现了青铜时代凿刻的许多车辆岩画，有些车辆岩画还与射箭狩猎岩画相映成趣。据内蒙古文物考古研究所盖山林的考察、发现和统计，自1978年至

图一　内蒙古阴山弓车岩画
（1978 年夏在磴口县西北托林沟北阴山山地发现）

1987 年间，在阴山、乌兰察布草原和锡林郭勒草原上发现了车辆岩画三十多个（图一），其中尤以乌兰察布草原岩脉上的车形为最多。考古发现表明，当时蒙古高原，特别是其南部（内蒙古草原）已广泛使用车辆，造车、制弓业的确比较发达。（参阅盖山林《蒙古高原青铜时代的车辆岩画》，载《中国少数民族科技史研究》第一辑，内蒙古人民出版社，1987 年。）

〔12〕知者：聪明、有创造才能的人。知，通"智"。

〔13〕巧者：工巧的人。

〔14〕烁：通"铄"，熔化金属。

【译文】

一国之内有六种职事，百工是其中之一。有的安坐议论政事；有的努力执行政务；有的审视考察材料的外在特征和内部特性，整治五材，制备民生器具；有的采办蓄积四方珍异的物品，流通有无；有的勤力耕作，种植庄稼；有的整治丝麻，织成衣物。安坐议论政事的，称为王公；努力执行政务的，称为士大夫；审视考察材料的外在特征和内部特性，整治五材，制备民生器具的，叫做百工；采办蓄积四方珍异的物品，流通有无的，叫作商旅；勤力耕作，种植庄稼的，叫做农夫；整治丝麻，织成衣物的，叫做妇功。粤地不设制镈的工匠，燕地不设函人，秦地不设庐人，胡境不设弓匠和车匠。粤地没有制镈的工匠，并不是说那里没有会制镈的人，而是成年男子都能够制镈。燕地没有函人，并不是说那里没有会制皮甲的人，而是成年男子都能够制作皮甲。秦地没有庐人，并不是说那里没有会制作庐器的人，而是成年男子都能够制作庐器。胡境没有弓匠、车匠，并不是说那里没有会制作弓、车的人，而是成年男子都能够制作弓和车。聪明、有创造才能的人创制器物，工巧的人加以传承，工匠世代遵循。百工制作的器物，都是圣人的创造发明。消熔金属制作兵刃利器，和合泥土烧结为陶器，制作车辆在陆地上行驶，制作舟船在水面上航行，这些都是由圣人创造发明的。

天有时，地有气，材有美，工有巧，合此四者，然后可以为良。材美工巧，然而不良，则不时，不得地气也〔1〕。橘逾淮而北为枳〔2〕，鹳鹆不逾济〔3〕，貉逾汶则死〔4〕，此地气然也。郑之刀〔5〕，宋之斤〔6〕，鲁之削〔7〕，吴粤之剑〔8〕，迁乎其地而弗能为良，地气然也〔9〕。燕之角〔10〕，荆之干〔11〕，妢胡之笴〔12〕，吴粤之金锡〔13〕，此材之美者也。天有时以生，有时以杀；草木有时以生，有时以死；石有时以泐〔14〕；水有时以凝，有时以泽〔15〕；此天时也〔16〕。

【注释】
　〔1〕地气：包括地理、地质、生态环境等多种自然地理因素。气，是中国古代的一种原始综合科学概念。
　〔2〕橘：学名 Citrus reticulata deliciosa，柑橘属的果树。　淮：淮河。中国大河之一。源出河南省桐柏山，东流经河南、安徽等省到江苏省入洪泽湖。洪泽湖以下，原有入海河道。1194 年黄河夺淮后，河道淤高。现主流南入长江，另一部分水流东入黄海。　枳：现代植物学的枳，学名 Poncirus trifoliata，亦称"枸橘""臭橘"。灌木或小乔木，叶多刺。春生白花，至秋成实。果小味酸，不堪食用，可以入药。性耐寒，常栽作绿篱，又可作柑橘砧木。将橘嫁接在枳上，得杂交橘。然《考工记》中的"枳"不一定是现代植物学的枳。由于《考工记》记载了"橘逾淮而北为枳"，从古至今关于这项记载的引述或辨识不绝于耳。《晏子春秋·杂下之十》说："晏闻之：橘生淮南则为橘，生于淮北则为枳，叶徒相似，其实味不同，所以然者何？水土异也。"晏子引述的"橘生淮南则为橘，生于淮北则为枳"乃是先秦对所谓"橘逾淮而北为枳"的另一表述。他认为由于水土变异，橘生淮南长橘，橘生淮北长出形味如枳的果实。此外，一些学者指出橘不会变为枳。如清代吴其濬《植物名实图考》引唐陈藏器《本草拾遗》说："旧云江南为橘，江北为枳。今江南均有枳橘，江北有枳无橘。此自别种，非干变易。"清代张志聪《本草崇原》说：橘枳"种类各别，非逾淮而变也"。二十世纪三十年代已有植物学者用嫁接说解释"橘逾淮而北为枳"：

"其所以有此现象者，实因橘以枳为砧木而行繁殖，橘自南方移诸于北方较冷之地，冬季遇冷而枯死，其砧木之枳善耐寒，独残存而萌发，见者不察，误以为橘变枳。"（参见吴耕民《果树园艺学》，商务印书馆，1934 年。）此后一些学者赞同此说，一些学者质疑之。2007 年陈之潭提出古籍中的"枳"不等于现代植物学的枳，初步考证我国用枳作砧木的历史不到 100 年，并参考多种古籍对"橘逾淮而北为枳"的理解，不同意嫁接说。（参见陈之潭《"橘逾淮而北为枳"辩》，《中国南方果树》2007 年第 2 期。）目前看来未有定论。陈之潭在引述《晏子春秋》后说："我们知道枳是三出复叶，橘是单叶，因此，'叶徒相似'，那就不是橘变成枳，只是'实味不同'，品质变得低劣而已。唐代诗人白居易的《有木诗》：'有木秋不凋。青青在江北。谓为洞庭橘。美人自移植。上受顾昒恩。下勤浇灌力。实成乃是枳。臭苦不堪食。物有似是者。真伪何由识。……'也表达了'叶徒相似，其实味不同'的意思。"笔者以为白居易的《有木诗》表明：只要照料得法，橘树移植至江北后尚能短期成活并结果。那么只要照料得法，橘树移植至淮北后也有可能短期成活并结果。于是理解《考工记》"橘逾淮而北为枳"有了新的立足点。笔者以为晏子的观点（由于水土变异，橘生淮南长橘，橘生淮北长出形味如枳的果实）可能是最贴近《考工记》原意的解释。无论如何，"橘逾淮而北为枳"反映了先秦古人对植物有水土性的认识，当时及后世亦用"橘化为枳"来比喻环境对人和事物的影响。（图二）

图二　橘（左）和枳（右）

〔3〕鸜鹆（qú yù）：《释文》作"鸜鹆"。鸟名，也作"鸲鹆"，俗称八哥，学名 Acridotheres cristatellus cristatellus。（图三） 济：济水，古四渎（dú）（长江、黄河、淮河、济水）之一，包括黄河南北两部分，河北部分源出河南省济源县西王屋山，河南部分本是从黄河分出来的一条支派，流经山东入海，因分流处与黄河北岸的济水入河口隔岸相对，古人便视之为济水的下游。

图三 八哥

〔4〕貉（hé）：学名 Nyctereutes procyonoides。哺乳动物，似狸，锐头尖鼻，昼伏夜出，捕食鱼、虫、鸟类等，毛皮为珍贵裘料。 汶：汶水，一说指大汶水，又名大汶河，在山东北部。另一说以为"汶"指汶江，即长江。长江南北水土差异明显，故后一说较为合理。

〔5〕郑：郑国，公元前 806 年郑桓公（前 806—前 771 在位）受封于郑（今陕西华县东）。春秋初年郑为强国，建都新郑（今河南新郑）。后渐衰弱，公元前 375 年为韩所灭。 刀：刀是砍杀兵器，在先秦时期的兵器中作用还不显著。直至西汉车战退出历史舞台，骑兵大盛之后，刀才受到军事家的重视。（图四）

图四 商晚期方格脊纹刀
（长 32.1 厘米，上海博物馆藏品）

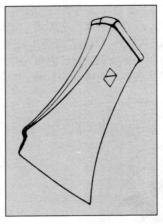

图五　春秋铜斤
（长 26.4 厘米，一角残，1973 年
湖北大冶铜绿山出土）

〔6〕宋：宋国，公元前十一世纪周公把商的旧都周围地区分封给商王纣的庶兄微子启，微子建立宋国，都商丘（今河南商丘南），据有今河南东部和山东、江苏、安徽间地。公元前 286 年为齐所灭。　斤：工匠所用的斧头称为斤。（图五）

〔7〕鲁：鲁国，公元前十一世纪周分封的诸侯国，在今山东西南部，建都曲阜（今山东曲阜）。春秋时国势衰弱，战国时沦为小国，公元前 256 年为楚所灭。　削：书刀，古代书写在竹简、木札上，如有所修改，就用削刮除。

〔8〕吴粤之剑：吴粤（越）指江浙一带，也包括安徽、江西的一部分。吴，古国名，也称句吴、攻吴。始祖是周太王之子太伯、仲雍，有今江苏、上海大部和安徽、浙江的一部分，建都于吴（今江苏苏州）。春秋后期，国力始强。公元前 473 年为越所灭。剑是刺杀用的短兵器，大约起源于商末周初。中原地区长期风靡车战，剑主要用于近战时搏刺对方，在战场上的重要性并不显著。当中原地区主要依靠战车作战的时候，水网纵横的吴越地区军队主力是步兵，剑作为适合步兵使用的兵器倍受重视。加上当地盛产上等铜锡原料，因此吴越的铸剑技术在全国首屈一指，"吴越之剑"名扬四海。传世的，尤其是历年来考古发掘中出土的吴越铜剑，为《考工记》的记载提供了有力的实物例证。其中比较著名的有山西原平峙峪 1964 年出土的吴王光剑（《文物》1972 年第 4 期）、湖北襄阳蔡坡十二号墓 1976 年出土的吴王夫差剑（《文物》1976 年第 11 期）、河南辉县 1976 年从废品中发现的另一把吴王夫差剑（《文物》1976 年第 11 期）、安徽南陵 1978 年出土的吴王光剑（《文物》1982 年第 5 期）、湖北江陵望山一号墓 1965 年出土的越王勾践剑（《文物》1966 年第 5 期）、湖北江陵藤店一号墓 1973 年出土的越王州句剑（《文物》1973 年第 9 期）等。其中的越王勾践剑，保存完好，出土时有如新剑，光彩照人，锋刃锐利，制工精美，剑身满布菱形暗纹，上有八个错金的鸟篆体铭文"越王鸠浅自作用剑"。据用 X 光衍射等现代科技手段分析，证明剑的基体是锡青铜，而花纹则是锡、铜、铁的合金。化验还证明剑身含有微量的镍。勾践剑的铸造和表面处理技术代表了当时吴越之剑的最高水平。（图六）

〔9〕迁乎其地而弗能为良，地气然也：明徐
光启《考工记解》："刀、斤、削、剑，必淬之以
水，非其地之水弗良也；必锢之以土，非其地之
土弗良也。"对于钢铁制的刀、斤、削、剑，徐
氏的解释是十分合理的。对于青铜质的刀、斤、
削、剑，表面处理的工艺与铁器不尽相同，但
《考工记》的观点原则上还是正确的。

〔10〕角：牛角。刘向《古列女传·辩通
传·晋弓工妻》："燕牛之角……天下之妙选也。"

〔11〕荆：荆州。荆州为古九州之一。《尚
书·禹贡》："荆及衡阳惟荆州。"《尔雅·释地》：
"汉南曰荆州。"故荆州包括从荆山（今湖北南漳
西）到衡山（今湖南衡山西北）南面的地区。春
秋战国时期属楚。　干：郑玄注："干，柘也。"
《考工记·弓人》："凡取干之道七：柘为上。"当
时认为柘是上等干材，荆之干可能指柘。详见下
文"弓人为弓"节注〔3〕。

〔12〕妢胡：古地区名，史载不详，众说纷
纭，未有定论。一说以为"妢胡，胡子之国，在
楚旁"，位于今安徽阜阳西北，源出郑玄之注。
唐时有人认为胡在豫州郾城（今河南郾城）。又
郑玄引杜子春云："妢读为焚咸丘之焚，书或为
邠。"故清人洪颐煊说：《周礼·春官·籥章》
"豳籥"郑司农注"豳国之地竹"，豳通作"邠"，
其地产竹，或亦可以为笴。俞樾认为邠胡盖西戎
国名（详见孙诒让《周礼正义》卷七十四）。于
鬯《香草校书》卷二十三说："妢与胡盖二国名。
郑注引子春云：妢，书或为邠，邠妢并谐分声，
例得通借。然则妢者即太王居邠之邠也。胡者即
上文胡无弓车之胡也。……下文云：吴粤之金
锡，妢胡与吴粤为偶，即其近证。妢与胡为二国，犹吴与粤为二国。妢与
胡举其西北，吴与粤举其东南也。"郭沫若《考工记的年代与国别》一文
认为："我疑'妢'即是'汾'，'妢胡'即是晋。汾河流域半系晋之疆域，
古属胡戎。唐叔虞受封，奉命'疆以戎索'，可为证。"笔者以为"妢"应
从杜子春所见"今书"作"邠"，邠即"豳"，周祖先公刘所立之国，在
今陕西旬邑县西泾河中游地区。郑众说："豳国之地［产］竹。"明顾祖禹

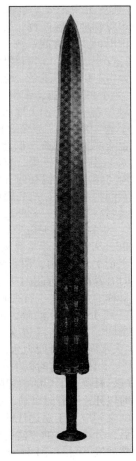

图六　越王勾践剑
（长55.7厘米，1965年湖
北江陵望山一号墓出土）

《读史方舆纪要》也说："寿山，在 [邠] 州城南……有茂林修竹之胜。"
可见邠地的确产竹。又《穆天子传》说："犬戎胡觞天子于雷水之阿。"战
国时西戎已称胡。故"妢胡"即"邠胡"，系指陕西泾河中游地区。 笴
（gǎn）：箭杆。唐石经作"筍"。郑玄注："故书笴为筍。"段玉裁《周礼汉
读考》以为郑注之"筍"当为"筍"。

〔13〕金锡：铜锡。古代吴越一带铜锡产地甚多，详见章鸿钊《古矿
录》卷一、卷二（地质出版社，1954 年）。如《越绝书》卷十一说：欧冶
子造宝剑时，"赤堇之山，破而出锡；若耶之溪，涸而出铜"。《战国策》
也有类似的记载。据北宋乐史《太平寰宇记》，赤堇山在会稽（今浙江绍
兴）县南三十三里，若耶溪在县南二十八里。又如《清一统志》曰：常州
府"锡山在无锡县西五里，惠山之支麓也。唐陆羽《惠山记》：'东峰当周
秦间大产铅锡，故名锡山。汉兴锡方竭，故创无锡县。王莽时锡复出，改
县名曰有锡。……自光武至孝顺之世，锡果竭。'"

〔14〕泐（lè）：石依其纹理而裂开。《说文·水部》："泐，水石之理
也，从水从防。"《说文·阜部》："防，地理也，从阜力声。"郑众注《考
工记》云："泐，谓石解散也。夏时盛暑大热则然。"盛夏时昼夜温差大，
时有暴雨，岩石由于热胀冷缩之故，顺其脉理解散的事时有发生。从行文
对称的角度看，"石有时以泐"句可能有脱文。

〔15〕泽：消解，消融。孙诒让《周礼正义》卷七十四："泽、释声
类同，古通用。《说文·采部》云：'释，解也。'《淮南子·诠言训》云：
'夫水向冬则凝而为冰，迎春则释而为水。'"

〔16〕天有时以生……此天时也：此处疑有前后错简。按文中天时、地
气、材美、工巧的叙述顺序，"天有时以生，有时以杀；草木有时以生，有
时以死；石有时以泐，水有时以凝，有时以泽，此天时也"，这段分述天时
的文句应置于总述性的"材美工巧，然而不良，则不时，不得地气也"之
后，分述地气的"橘逾淮而北为枳"之前。分述地气之后，是分述材美，
然后接下面的三十种分工。

【译文】

　　顺应天时，适应地气，材料上佳，技艺精巧，这四个条件加起
来，才可以得到精良的器物。如果材料上佳，技艺精巧，然而制作
出来的器物并不精良，那就是不顺应天时，不适应地气的缘故。橘
树向北移栽，过了淮河就变成枳，鹳鸰从不 [向北] 飞越济水，貉
如果 [南渡] 过汶水，那就活不长了。这些都是地气使然的啊！郑
国的刀，宋国的斤，鲁国的削，吴粤的剑 [都是优质产品]，不是

那些地方生产的就不会精良，这亦是地气使然的啊！燕地的牛角，荆州的弓干，妢胡的箭杆，吴粤的铜锡，这些都是上好的原材料。天有时助万物生长，有时使万物凋零；草木有时欣欣向荣，有时枯萎零落；石有时顺其脉理而解裂；水有时凝固，有时消融；这些都是天时。

凡攻木之工七，攻金之工六，攻皮之工五，设色之工五，刮摩之工五，抟埴之工二[1]。攻木之工：轮、舆、弓、庐、匠、车、梓；攻金之工：筑、冶、凫、㮚、段、桃；攻皮之工：函、鲍、韗、韦、裘[2]；设色之工：画、缋、锺、筐、慌；刮摩之工：玉、楖、雕、矢、磬；抟埴之工：陶、瓬。[3]

【注释】

〔1〕抟：原作"抟"，《经典释文》、唐石经、《十三经注疏》本同。故宫八行本作"搏"，阮元《周礼注疏校勘记》：余本、嘉靖本、闽、监、毛本"抟"作"搏"。郑玄注："搏之言拍也。"《释文》："抟，李音团，刘音搏。"《经典释文汇校》："据郑氏注：'搏之言拍也。'拍与搏声相近，则经文当用搏字，而读如搏矣。"戴震《考工记图》、阮元《周礼注疏校勘记》、黄焯《经典释文汇校》均校改为"搏"。《老子》："挺埴以为器。"朱骏声《说文通训定声》云："凡柔和之物，引之使长，抟之使短，可析可合，可方可圆，谓之挺。"故"抟"字亦通。下文"抟埴之工"同。　埴（zhí）：黏土。

〔2〕鲍：郑众注："鲍读为鲍鱼之鲍，书或为鞄。"《说文·革部》云："鞄，柔革工也，从革包声，读若朴。《周礼》曰：柔皮之工鲍氏。鞄即鲍也。"　韗：《释文》："韗，况万反、刘音运，本或作韗。"《说文·革部》云："韗，攻皮治鼓工也，从革军声，读若运。韗，韗或从韦。"

〔3〕这段文字总述三十个工种。三十工中，有的称某人，有的称某氏。郑玄注："其曰某人者，以其事名官也；其曰某氏者，官有世功，若族有世业，以氏名官者也。"江永《周礼疑义举要》则认为："考工是工人之号，而工人非官。注谓'以事名官'、'以氏名官'，非也。"其中有些工种，也见于其他先秦文献。如《墨子·非儒下》："古者羿作弓，伃作甲，

奚仲作车，巧垂作舟；然则今之鲍、函、车、匠皆君子也。"除"函人"
和"庐人"前段已有初步注释外，各工所司之职详见下文各节。其中凫氏
与锺氏可能错置，也详见所属之"为钟"和"染羽"节。

【译文】

所有的工官或工匠，治木的有七种，冶金的有六种，治皮的
有五种，施色的有五种，琢磨的有五种，制陶的有两种。治木的工
种是：轮人、舆人、弓人、庐人、匠人、车人、梓人。冶金的工种
是：筑氏、冶氏、凫氏、栗氏、段氏、桃氏。治皮的工种是：函
人、鲍人、韗人、韦氏、裘氏。施色的工种是：画、缋、锺氏、筐
人、㡛氏。琢磨的工种是：玉人、楖人、雕人、矢人、磬氏。制陶
的工种是：陶人、瓬人。

有虞氏上陶[1]，夏后氏上匠[2]，殷人上梓[3]，周人
上舆[4]。故一器而工聚焉者，车为多[5]。车有六等之数：
车轸四尺[6]，谓之一等；戈柲六尺有六寸[7]，既建而
迆[8]，崇于轸四尺[9]，谓之二等；人长八尺，崇于戈四
尺，谓之三等；殳长寻有四尺[10]，崇于人四尺，谓之
四等；车戟常[11]，崇于殳四尺，谓之五等；酋矛常有四
尺[12]，崇於戟四尺，谓之六等。车谓之六等之数。

【注释】

〔1〕有虞氏：古部落名。古史传说，该部落联盟的首领虞舜受禅于
尧，其活动中心在蒲陂（今山西永济附近）。　上陶：提倡制陶业。上，
通"尚"，崇尚，提倡，劝勉。陶，陶器。

〔2〕夏后氏：古部落名。也称夏后或夏氏。相传其领袖禹受禅于舜，
治水有大功，禹之子启建立夏朝。　上匠：提倡水利和营造业。匠，水利
和营造。

〔3〕殷：商代，商王盘庚从奄（今山东曲阜）迁都到殷（今河南安阳
西北），故商亦称殷。　上梓：提倡礼乐器制造业。梓，落叶乔木，材质
轻软耐朽，古代木器多用梓。梓因此成为木材、木工的代称。宫殿和礼乐

器材的木作雕饰代表了梓人的工艺水平。

〔4〕周：公元前十一世纪周武王灭商后建立周朝，建都于镐（今陕西西安西南沣水东岸）。公元前770年周平王东迁到洛邑（今河南洛阳）。平王东迁以前史称西周，东迁以后史称东周。东周又分为春秋和战国两个时期。 上舆：提倡制车业。舆，车厢，亦泛指车。周代为先秦制车业的全盛时期。"有虞氏上陶，夏后氏上匠，殷人上梓，周人上舆"高度概括了我国上古至先秦的手工艺发展史。

〔5〕车：车是古代国家机械制造工艺水平的集中代表。传说我国夏代已有制车手工业。《尚书·甘誓》是战国时根据口耳相传写成的夏君对有扈氏的战争动员令，夏君曰："左不攻于左，汝不恭命；右不攻于右，汝不恭命；御非其马之正，汝不恭命。用命，赏于祖；弗用命，戮于社。予则孥戮汝。"誓中已出现御马的战车。殷商的独辕车已相当成熟。春秋战国时期，攻伐征战频仍，对战车的需求与日俱增；新式青铜工具的出现改进了木工工艺，分工日益精细，使木车制造工艺达到了高峰。《考工记》对独辕马车和直辕牛车的制造工艺的记载和总结，相当详细，比较科学合理。这是世界上第一部详述木车设计制造的专著。1928年殷墟发掘出商代车马坑。1950年12月—1951年1月，夏鼐（1910—1985）等首次在河南省辉县琉璃阁清理剔掘出比较完整的战国木车（图七）。此后，较完整或零星的商周至两汉的古车标本迭有出土。《考工记》等文字记载为研究考古资料和先秦车制提供了重要的文献依据。反之，陆续问世的出土实物资料有助于正确理解《考工记》车制的内容。

图七　河南辉县出土大型车复原模型
（据1950年河南辉县琉璃阁考古发掘的古车遗迹复原）

〔6〕轸（zhěn）：车厢底部后面的横木。车厢底部四周的横木，即车厢底部的边框亦称轸。

〔7〕戈：我国古代颇具民族特色的青铜兵器，横刃，安在竹木质的长柄上，可以用前锋啄击敌方，也可以用下刃钩割，用上刃推杵。戈盛行于商周，战国晚期逐渐被铁戟所取代。除铜戈外，尚有石戈和玉戈（多为明器或礼仪用品）。戈的形制详见"冶氏"节。　柲（bì）：兵器之柄。

〔8〕建：树立，竖立。　迤（yǐ）：同"迆"，斜行，引申为斜倚。

〔9〕崇：高。

〔10〕殳（shū）：古代撞击、打击用的兵器，后世棍、棒的前身。以竹、木制成，一般头上无刃。参见图六八。　寻：古代四进制长度单位，一寻等于八尺。一尺之长，各诸侯国不尽相同，大体上分为大尺和小尺两个系统。大尺系统的代表是周尺，每尺约合今23.1厘米；楚尺也是大尺，每尺约合今22.5厘米。小尺系统的代表是齐尺，每尺约合今19.7厘米。《考工记》中的尺度，基本上是指齐尺而言的。在流传过程中，如其他诸侯国按《考工记》尺寸制器，或采用齐尺、或采用周尺、或更可能采用本地尺，加上时代先后演变，情况比较复杂。有的作者用楚地的出土车伞资料推断："《考工记·轮人为盖》中所记述的一尺约为今的21—23厘米；而绝不会是齐制的小尺，即一尺约为现今的19—20厘米。"（参阅后德俊《楚文物与〈考工记〉的对照研究》，《中国科技史料》1996年第1期。）较客观的叙述应当是：《考工记·轮人为盖》记述了车伞的有关尺寸，流传到楚地，楚地的工匠用楚尺或周尺制造车伞，这与齐人所著《考工记》原本记述的是齐尺并无矛盾。

〔11〕车戟：戟是将戈、矛组合在一起，兼取两者之长的一种兵器。可以直刺、啄击、推击、钩斫，性能较优。青铜戟始于商代，盛行于东周，战国开始有铁戟。戟的形制详见"冶氏"节。车戟是战车车战用的戟。（图八）　常：古代四进制长度单位，二寻为常，一常等于十六尺。

〔12〕酋矛：矛，古代刺杀用的长兵器，后世枪的前身。较短之矛。酋，通"遒"，释为近。

图八　战国饰羽车戟（通长370厘米，1987年湖北荆门包山二号墓出土）

【译文】

有虞氏提倡制陶业，夏后氏提倡水利和营造业，殷人提倡礼乐器制造业，周人提倡车辆制造业。一种器物聚集数个工种的制作才能完成的，毕竟以车为最多。车有六等差数，车轸离地四尺，这是第一等。戈连柄长六尺六寸，斜插在车上，比轸高出四尺，这是第二等。人长八尺，比戈高四尺，这是第三等。殳长一寻又四尺，比人高四尺，这是第四等。车载长一常，高出殳四尺，这是第五等。酋矛长一常又四尺，比戟高出四尺，这是第六等。所以说车有六等差数。

凡察车之道，必自载于地者始也，是故察车自轮始。凡察车之道，欲其朴属而微至[1]。不朴属，无以为完久也[2]。不微至，无以为戚速也[3]。轮已崇，则人不能登也；轮已庳[4]，则于马终古登阤也[5]。故兵车之轮六尺有六寸[6]，田车之轮六尺有三寸[7]，乘车之轮六尺有六寸[8]。六尺有六寸之轮，轵崇三尺有三寸也[9]，加轸与蒋焉[10]，四尺也。人长八尺，登下以为节[11]。

【注释】

〔1〕朴属：郑玄注："犹附着坚固貌也。" 微至：车轮正圆，着地面积小，叫做微至，相当于现今几何学中的圆与直线相切。这样滚动摩阻较小。

〔2〕完：坚固。

〔3〕戚速：意即疾速。郑玄注："齐人有名疾为戚者。"

〔4〕庳（bēi）：低矮。

〔5〕终古：常常。郑玄注："齐人之言终古犹言常也。" 登阤（zhì）：上坡。阤，山坡。"轮已庳，则于马终古登阤也"这段话可以用理论力学中的滚动摩阻理论来解释。如图九甲所示，R 为轮子半径，Q_1、Q_2 分别为使轮子开始滚动和滑动所需的水平力。两者的比值 $K=Q_1/Q_2=\delta/(FR) \propto (1/R)$，式中 δ 为滚动摩阻系数，F 为滑动摩擦系数。因 K 远小于 1，所以滚动比滑动省力。因 K 与 R 成反比，所以轮径愈小愈费力。

图九乙为双轮车爬坡时的受力分析示意图。图中：T 为牵引力，P 为车重，R 为车轮半径，θ 为斜面与水平面的夹角。据理论力学分析，$T=P\sin\theta+P(\delta/R)\cos\theta$。式中第一项是牵引力中为克服重力所需的部分，第二项是牵引力中为克服滚动摩阻所需的部分，它的大小与 R 成反比。当 θ=0° 时，$T_0=P(\delta/R)<T$。同是平地拉车时，轮径愈小愈费力；同属上坡时，轮径愈小愈费力；轮径相同时，上坡比平地拉车费力；在平地上拉轮径较小的车子，相当于拉轮径较大的车子上坡。因此，《考工记》的作者说："轮已庳，则于马终古登阤也。"这条经验总结是符合现代力学原理的。

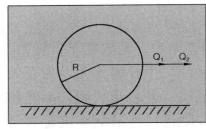
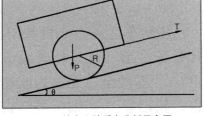

甲　滚动与滑动比较示意图　　　　乙　双轮车爬坡受力分析示意图

图九　车轮滚动的力学分析

〔6〕兵车：战车。

〔7〕田车：古代田猎用的车。

〔8〕乘车：乘用之车。

〔9〕轵（zhǐ）：车毂通轴之孔在辐以外的部分称轵，也叫小穿，此处实指车轮中心线高度。戴震《考工记图》以为"故书本作轩，从车开声"。详见《戴震文集》卷三《辨正〈诗〉〈礼〉注軓轨轵轩四字》，中华书局，1980 年。

〔10〕鞿（bú）：因状如伏兔，也称伏兔，置在车轴上，垫在左、右车轸之下的枕木。商车上尚未发现伏兔，西周已有伏兔。伏兔的发明，使轸与轴的结合更稳固，而且还有保护轴和轸木以及减震的作用。戴震、阮元、孙诒让等清儒认为伏兔上平以承舆，下凹以含轴。现已出土的先秦车舆伏兔的形制，有的与这种见解吻合，验证了戴、阮、孙等的观点；有的不吻合，但从文献记载与出土文物的同一性与差异性的角度来看，这是可以理解的。（参阅汪少华《中国古车舆名物考辨》，商务印书馆，2005 年，第 176 页。）（图十）

〔11〕节：节度。

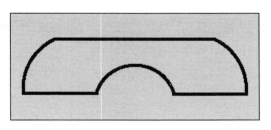

图十　伏兔
（据戴震《考工记图》改绘）

【译文】

　　考核车子的要领，必定先从地面的荷载开始，所以考核车子先要从轮子着手。考核车子的要领，要注意它的结构是否缜密坚固，着地是否微至。如果轮子不缜密坚固，那就不能坚固耐用，轮子着地的面积若不微少，那就不会运转快捷。轮子太高的话，人不容易登车；轮子太低的话，那马就十分费力，好比常处于爬坡状态一样，所以兵车的轮子高六尺六寸，田车的轮子高六尺三寸，乘车的轮子高六尺六寸。六尺六寸的车轮，轵高三尺三寸，加上轸与軨，一共四尺。人长八尺，以上下车时高低恰到好处为度。

一、轮　人

　　轮人为轮[1]。斩三材必以其时[2]。三材既具，巧者和之。毂也者[3]，以为利转也。辐也者[4]，以为直指也[5]。牙也者[6]，以为固抱也。轮敝，三材不失职，谓之完。望而眂其轮，欲其幁尔而下迤也[7]。进而眂之，欲其微至也。无所取之，取诸圜也。望其辐[8]，欲其掣尔而纤也[9]。进而眂之，欲其肉称也[10]。无所取之，取诸易直也。望其毂，欲其眼也[11]，进而眂之，欲其帱之廉也[12]。无所取之，取诸急也[13]。眂其绠[14]，欲其蚤之正也[15]，察其菑蚤不齵[16]，则轮虽敝不匡[17]。

【注释】

　　〔1〕轮：车轮。车轮是木车的核心部件，对车子质量的影响最大。《考工记》的作者不但指出察车自轮始，而且将"轮人为轮"置于三十工介绍之首，的确颇有见地。山东嘉祥洪山出土的汉制车轮画像石所描绘的情景与先秦相去不远，为后人了解古代车轮制造工艺提供了形象化的资料。（图十一）

　　〔2〕斩三材必以其时：三材，指做毂、辐、牙三者的材料。三者工作状态不同，用材亦异。周时往往毂用榆木，辐用檀木，牙材未详，汉用橿木作牙。《周礼·地官·山虞》说："仲冬斩阳木，仲夏斩阴木。"郑玄注：

图十一　汉制车轮画像石拓片
（山东嘉祥洪山出土）

"阳木，生山南者；阴木，生山北者。冬斩阳，夏斩阴，坚濡调。"

〔3〕毂（gǔ）：车轮中心的圆木部件。外周中部凿出一圈榫眼以装车辐，毂内的大孔名薮（sǒu），用以贯车轴。

〔4〕辐：车轮中连接毂与轮圈的直木条。

〔5〕直指：支撑毂与轮圈的辐条装配得笔直无偏倚。指，当为搘（zhī），参见于鬯《香草校书》卷二十四。搘，支，拄。

〔6〕牙：又名辋（wǎng），车轮的外周，即轮圈。

〔7〕望而眂（shì）其轮，欲其帱尔而下迤也：这是《考工记》注释的难点之一。古今学者作过不少努力，但难以得到普遍令人满意的注释或注译。眂，"视"的异体字。观看，察视。郑玄注："轮，谓牙也；帱，均致貌也。"唐贾公彦疏："望而眂之谓车停止时。云帱尔者，帱，均致貌也。尔，助句辞。云下迤者谓辐上至毂，两两当正直，不旁迤，故云下迤也。"《说文·巾部》云："帱，幔也。从巾，冥声。""幔，幕也。"李约瑟在其 *Science and Civilisation in China* 中释为："车轮应正直得象悬着的簾（幔）那样向下迤着，匀称有致。"（Joseph Needham: *Science and Civilisation in China*, London & New York, Cambridge University Press, Vol.4 Pt.2, 1965, p.75.）林尹《周礼今注今译》译为："在远的地方望着轮子，两旁微向下斜，曲度非常平均。"（林尹《周礼今注今译》，商务印书馆，1972 年，第431 页。）荷兰学者史四维在其《木轮形式和作用的演变》中曾提出一种独特的解释，他认为"帱尔而下迤也"指的是莫阿干涉条纹效应（Moiré Pattern）。他说"当两个车轮以同样的速度转动，快得视力跟不上轮辐的运动时，在重迭的空间中唯一能见到的就是这些莫阿干涉条纹。……这些干涉条纹的确是向下弯曲的。"（李国豪、张孟闻、曹天钦主编《中国科技史探索》，上海古籍出版社，1986 年，第 475 页。）笔者在《考工记译注》1993 年第 1 版中译为："远看轮子，要注意轮圈转动是否均致地触地。"戴

吾三《〈考工记〉轮之检验新探》意译为："远看轮子，轮圈应曲度均致、光滑。"（戴吾三《〈考工记〉轮之检验新探》，《中国科技史料》2001 年第 2 期）为了正确理解《考工记》这句话的意思，笔者觉得应联系其下文"进而眡之，欲其微至也。无所取之，取诸圜也"，一起考虑。这是观察动态的轮子。轮子在地上滚动，轮圈越圆，越能保持与地相切，其触地面积就小。非常圆的轮子在平地上滚动，远看起来，会感觉到轮子"帱尔而下迤"；也就是说轮圈周而复始地均致地触地。郑玄谓"帱，均致貌也"，是抓住了滚动圆轮的主要特色。如把"下迤"理解为轮圈触地的过程，离《考工记》作者所要表达的意思也就相去不远了。

〔8〕辐：原作"幅"。据《四部备要》等本改。

〔9〕掔（xiāo）尔而纤：像人臂一样由粗渐细。掔，如削尖之貌。纤，小。

〔10〕肉称：光滑均好。

〔11〕眼：郑玄注："眼，出大貌也。"但《说文·车部》云："辊，毂齐等貌，从车昆声。《周礼》曰：'望其毂，欲其辊。'"《考工记图》以为"眼当作辊"。辊，毂齐等貌，即匀整、光洁之意。

〔12〕帱（dào）：覆盖。文中指裹于毂上的皮革。　廉：棱角。

〔13〕急：紧固。

〔14〕绠（bìng）：原作"綆"。据《四部备要》等本改。郑众注："绠，读为关东言饼之饼，谓轮箄也。"箄出就是偏出。据孙机的研究，菑（zī）、爪（见本节注〔15〕）均是偏榫，各辐装好后均向毂偏斜。从外侧看，整个轮子形成一中凹的浅盆状。这种装辐法应即《考工记》所称的轮绠。这样可以加宽车的底基，而且行车时地面的支撑力有内倾的分力，使轮不易外脱。当道路起伏不平时，即使车身晃动倾斜，由于轮绠所起的补偿作用，增加了车轮对侧向推力的反抗力，车子仍不易翻倒。这是一种符合力学原理的装置方法。（参阅孙机《中国古独辀马车的结构》，《文物》1985 年第 8 期。史四维《木轮形式和作用的演变》，载于李国豪等主编《中国科技史探索》，上海古籍出版社，1986 年。）（图十二）张道一认为"车辐之入牙的部分为爪，其入而不满所衬垫者谓之绠"（参阅张道一《考工记注译》，陕西人民美术出版社，2004 年，第 32 页），可备一说。

〔15〕爪：郑玄注："'爪'当为'爪'，谓辐入牙中者也。"车辐两头出榫，装入牙中的称为爪。菑：车辐两头出榫，插入毂中的称为菑。　齵（óu）：齿不正，参差不齐。

〔17〕匡：枉曲，扭曲。

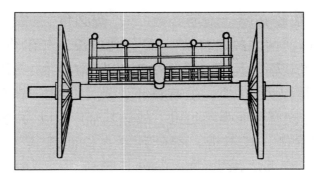

图十二　辉县战国车轮绠装置

【译文】

　　轮人制作车轮。伐取三材必须适时，三种材料都已具备，用精巧的工艺进行加工。毂，是灵活转动的部件；辐，是笔直支撑的部件；牙，是坚固合抱的部件。轮子虽然用得破旧了，而毂、辐、牙三材没有丧失功能，这才完美。远望轮子，要注意轮圈转动是否周而复始地均致地触地；近看轮子，要注意它着地面积是否很小，无非是要求轮子正圆。远望辐条，要注意它是否像人臂一样由粗渐细；近看辐条，要注意它是否光滑均好，无非是要求辐条滑致挺直。远望车毂，要注意它是否匀整光洁；近看车毂，要注意裹革的地方是否隐起棱角，无非是要求裹得紧固。细看轮绠，要注意辐端插入〔毂和〕牙中是否齐正。发现蓄蚤都是齐正的话，那么轮子即使破旧了也不会变形。

　　凡斩毂之道，必矩其阴阳[1]。阳也者，积理而坚[2]；阴也者，疏理而柔。是故以火养其阴，而齐诸其阳，则毂虽敝不蔽[3]。毂小而长则柞[4]，大而短则挚[5]。是故六分其轮崇，以其一为之牙围[6]，叁分其牙围而漆其二。椁其漆内而中诎之[7]，以为之毂长，以其长为之围。以其围之防捎其薮[8]：五分其毂之长，去一以为贤[9]，去三以为轵[10]。容毂必直，陈篆必正〔11〕，施胶必厚，施筋必数〔12〕，帱必负干〔13〕。既摩，革色青白，谓之毂之善〔14〕。叁分其毂长，二在外，一在内，以置其辐。凡辐，量其凿深以为辐广〔15〕。辐广而凿浅，则是以大扤〔16〕，虽有良工，莫之能固。凿深而辐小，则是固有余而强不足也。故竑其辐广，以为之弱〔17〕，则虽有重任，毂不折。叁分其辐之长而杀其一，则虽有深泥，亦弗之溓也〔18〕。叁分其股围〔19〕，去一以为骹围〔20〕。揉辐必齐，平沉必均〔21〕。直以指牙〔22〕，牙得，则无槷而固〔23〕；不得，则有槷必足见也〔24〕。六尺有六寸之轮，绠叁分寸之二〔25〕，谓之轮之固。

【注释】

〔1〕矩：郑玄注："矩，谓刻识之也。" 阴阳：树木之向阳面为阳，其背面不向阳者为阴。

〔2〕稹（zhěn）理：纹理致密。稹，通"缜"，细密，致密。

〔3〕歡（hào）：通"耗"，缩耗不平。

〔4〕柞（zé）：狭窄。

〔5〕槷（niè）：危，不坚牢。原作"挚"，故宫八行本、唐石经同。据《十三经注疏》本改。《六经正误》曰："大而短则槷，作挚误。挚，从执从手，音臬。执，古势字，非从操执之执也，从执者，音贽。注：'槷读为槷，谓辐危槷也。'槷，从执从木，亦音臬。"

〔6〕牙围：轮牙的周长。

〔7〕椁其漆内而中诎（qū）之：椁，量度。诎，短缩。中诎之，缩短一半。郑众注："椁者，度两漆之内相距之尺寸也。"郑玄等以为指量度"漆内"（髹漆部外缘成圆形）的直径。兵车之轮高六尺六寸，牙围是轮高的六分之一，等于一尺一寸。牙围的三分之二髹漆。郑玄注："不漆其践地者也。"假设轮牙践地一边"厚一寸三分寸之二，则内外面不漆者各一寸也"。于是"漆内"的直径为六尺四寸，毂长三尺二寸。《香草校书》卷二十四说："椁者，方形也。……漆内者，圆形也。然则'椁其漆内'即算学家圜内容方之说也。"于鬯根据这种理解，用开方术求出了毂长。《考工记》"栗氏为量"节说："鬴，深尺，内方尺而圜其外。"看来《考工记》

时代确已有圆内接正方形之术。"漆内"成圆形，在此圆上作内接正方形，量度其边长，以边长的一半作为毂长。这一过程可以避开开方术，仅通过几何作图和简单的算术运算来完成。由此推得毂长为二尺二寸六分强。据《考工记》"车人为车"节的规定，柏车用长毂，毂长三尺；大车用短毂，毂长一尺五寸。本节设计的兵车毂长正好介于大车短毂与柏车长毂之间，比较适中。

〔8〕以其围之阞（lè）捎（xiāo）其薮：阞，通"仂"。零数，分数。捎，消除。薮，郑玄注："薮者，众辐之所趋也。"薮是毂中心穿轴之孔，内外两端大小不同。郑玄注："阞，三分之一也。"学界咸从之。笔者今疑郑注有误。薮的尺寸是由两端的贤和轵的大小决定的。《考工记》作者在下文明确规定"五分其毂之长，去一以为贤，去三以为轵"，故在此仅说"以其围之阞捎其薮"，特意用笼统的"阞"来表示毂长的某种分数。如果阞就是三分之一，在此《考工记》作者的习惯用语可能就是"三分其毂之长，去二捎其薮"或"三分其毂之长，去二以为薮"了。再说如果阞就是三分之一，"以其围之阞捎其薮"将与"五分其毂之长，去一以为贤，去三以为轵"有矛盾，令工匠无所适从。

〔9〕贤：《唐石经》诸本同。《说文·目部》云："睯，大目也，从目臤声。""贤"原当作"睯"。《说文》释为大目，引申为大孔。车毂两端孔径不同，在轮的内侧即靠近车厢的一端其口径较大者，名贤。

〔10〕轵：车毂所穿之孔，在轮之外侧，其口径略小者，名轵。毂的贤端略大，轵端略小。与其相配合的车轴也是近贤处较粗，近轵处较细。这样行车时车轴就不致内侵，可避免车轮与车厢相擦。

〔11〕陈篆：陈，陈设。篆，毂体上的纹饰。详见本节注〔14〕。

〔12〕数（cù）：密。

〔13〕帱必负干：所施的胶筋与车毂紧密地结合在一起。帱，覆。负干，紧贴毂体。

〔14〕毂之善：好的毂。此处所述的加固毂围的方法已有时代相近的考古发现相互印证。据报道，1988 年发掘了太原金胜村 251 号大墓及车马坑。其 8 号车"车毂长 47、贤端径 12、轵端径 9……毂上髹漆，保存完好，轵端向里共有 8 道凸起的环棱，高、宽和间隔各约 1 厘米。据观察，毂围是经过加固的，做法是，先在毂上琢刻 8 道环槽，再施以浓胶，然后用皮筋缠绕平齐，干后打磨髹漆"。（参阅山西省考古研究所、太原市文物管理委员会《太原金胜村 251 号春秋大墓及车马坑发掘简报》，《文物》1989 年第 9 期。）

〔15〕凿：毂上凿出的孔以便辐的菑端插入其内。

〔16〕扤（wù）：动摇。

〔17〕故竑（hóng）其辐广，以为之弱：竑，量度。弱，轮辐菑端插入毂中的部分。辐是菑端稍粗、蚤端较细的一种肕（gōng）梁，为了辐菑与凿孔之间的配合强固，《考工记》的方案是凿孔深度、辐菑截面的宽度与辐端没入毂中的长度三者一致，这样可以兼顾各方面的力学要求，加工也较方便。这种经验公式是合理的。

〔18〕渜（nián）：通"黏"。

〔19〕股围：股的周长。股，轮辐近毂之处。

〔20〕骹（qiāo）围：骹的周长。骹，车辐近牙之处。

〔21〕平沉：浮沉。

〔22〕指：插入。

〔23〕槷（niè）：木楔。

〔24〕必足见：木楔的端部一定会露出来。

〔25〕绠参分寸之二：郑玄注："轮綧则车行不掉也。参分寸之二者，出于辐股凿之数也。"辐条由股至骹自内向外偏斜，偏斜之数为叁分之二寸。

【译文】

伐取毂材的要领，必须先刻识阴阳记号；木材向阳的部分，文理致密而坚实；背阴的部分，文理疏松而柔弱。所以要用火烘烤背阴的部分，使其与向阳的部分性能一致［然后作毂］，那么毂虽然用得破旧了，也不会因变形而不平。如果毂小而长，辐间就太狭窄；如果毂大而短，辐菑就不坚牢，会摇动不安。所以牙围取轮子高度的六分之一，其内侧的三分之二髹漆。量度轮子髹漆部外缘圆内接正方形的边长，折半作为毂的长度，毂的周长等于毂长。按毂长的某种分数来刌除木心成薮：即以毂长的五分之四作为贤［的周长］，毂长的五分之二作为轵［的周长］。整治毂的形状必定要使它内外同轴，设菑一定要均等平正，敷胶一定要厚，缠筋必定要密，所施的胶筋与毂体紧密地结合在一起，［以石］打磨平后，菑部革色青白相间，这就是好的毂了。［扣去辐广］三分毂长，二分在外，一分在内，这样来定辐条入毂的位置。所有的辐条，辐菑入孔的深度等于辐的宽度。如果辐宽而菑孔太浅，那就极易动摇，即使优秀的工匠也不能使它牢固。如果菑孔深而辐菑狭小，那么牢固有余而强度不足［容易折断］。所以一定要量度辐条的宽度作为菑孔深度，这样，车子虽然荷载很重，毂也不会损坏。削细辐条近牙的三分之一，车行时就是有深的烂泥也不会黏住。以股的周长的三分之二作为骰的周长。揉制辐条必定要使它们齐直，［将它们放在水中，］浮沉的深浅也要相同。辐条笔直地插在牙上，蚤牙相称，就是不用楔，也很牢固。如果蚤牙不相称，就要用楔，楔的端部一定会露出来的。六尺六寸的轮子，辐缚取三分之二寸，这样轮子就牢固。

　　凡为轮，行泽者欲杼[1]，行山者欲侔[2]。杼以行泽，则是刀以割涂也，是故涂不附。侔以行山，则是抟以行石也[3]，是故轮虽敝不甐于凿[4]。凡揉牙，外不廉而内不挫[5]，旁不肿，谓之用火之善。是故规之[6]，以眂其圜也；萭之[7]，以眂其匡也[8]；县之[9]，以眂其辐之直也；水之，以眂其平沉之均也[10]；量其薮以黍，以眂其同也[11]；权之[12]，以眂其轻重之侔也。故可规、可萭、可水、可县、可量、可权也[13]，谓之国工[14]。

【注释】
　〔1〕杼（zhù）：削薄。郑玄注：“杼，谓削薄其践地者。”
　〔2〕侔（móu）：相等。
　〔3〕抟（tuán）：圆。
　〔4〕甐（lìn）：破敝，破败，损坏。
　〔5〕廉：断裂。郑玄注：“廉，绝也。”《说文·火部》云：“爒，火爒车网绝也，从火兼声。《周礼》曰：‘爒牙外不爒。’”阮元《周礼注疏校勘记》以为“廉本作爒”。
　〔6〕规：圆规。古代圆规与后世圆规原理相同，结构稍异。山东济宁武梁祠东汉画像石上女娲手中所执之器，即当时的圆规。（图十三）
　〔7〕萭（jǔ）：又称萭蒌，系正轮之器。郑玄注：“故书萭作禹。郑司农云：‘读为禹，书或作矩。’”“等为萭蒌，以运轮上，轮中萭蒌，则不匡刺也。”萭蒌是检验轮圈两侧是否平整的专用工具，与轮等大而圆，中央隆起以容轮毂，其外形与“枸篓”（车弓，即车篷，参见扬雄《方言》卷九郭璞注）相似，发音相近。“萭”的工作原理是以矩的一条直角边为垂

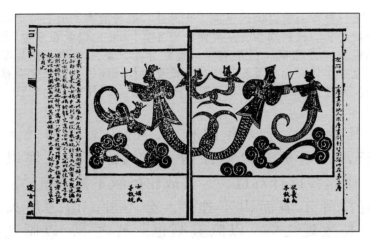

图十三　规和矩

直轴，旋转中用另一条直角边形成的水平面检验轮圈侧面是否平整。江永《周礼疑义举要》卷六云："凑合诸木成牙，恐其匡枉不平正，故须以萬蓂运之，视其稍有枉处，则削而正之耳。后郑言'等为萬蓂'，是当时有其名物。贾疏言'见今车'，亦是得之实见。余见造车者，用木架作一圆，与轮同大，轮与之并立而运之，此正古人用萬蓂之法也。"汉唐至清制车业中沿用的正轮之器，恐即《考工记》"萬"之遗制。另一说萬通"矩"，意为校正直角的一种工具。如孙诒让《周礼正义》卷七十五曰："盖轮虽以圜为用，而牙之平面与辐之上下相直，非矩无以定之也。"孙说可备一说，但萬蓂说较佳。

〔8〕匡：枉曲，不规整。

〔9〕县（xuán）之：用悬绳检验。县，同"悬"。

〔10〕水之，以眂其平沉之均也：这是利用浮力知识检验车轮的质量分布是否均匀。如果选材或制作不当，重心偏离轮子的几何中心，置于水面上重力与浮力平衡时，轮平面势必与水平面斜交。如果车轮四周均匀地浮出水面，说明其质量分布对称均匀，符合技术要求。

〔11〕量其薮以黍，以眂其同也：黍，禾本科一年生草本植物，果实呈球形或椭圆形。古代用黍百粒排起来，取其长度作为一尺的标准，叫做"黍尺"。黍也可用来量容积。郑玄注："黍滑而齐，以量两壶，无赢不足，则同。"贾公彦疏："'量其'至'同也'。释曰：谓两轮俱用黍量，视其容受同不，齐同则无赢，亦无不足。郑云'黍滑而齐'，则不取《律历

志》以黍为度量衡之义也。"黍在古代确实用作度量衡的参考单位。笔者在《考工记译注》1993 年第 1 版中译为："用黍测量两毂中空之处容积是否相同。"戴吾三以为："'量其薮以黍,以眡其同也'的本义是指,用黍测量轮轴与毂孔的间隙,看毂内外两端的间隙是否相同。"(戴吾三《〈考工记〉轮之检验新探》,《中国科技史料》2001 年第 2 期。)本人认为从"规之"、"萭之"、"县之"、"水之"、"量其薮以黍"、"权之"六种检验程序来看,"量其薮以黍"应该也是检验车轮本身而非检验轮轴与毂孔的配合。"量其薮以黍"之后还有"权之",如果检验时先把车轮装在轮轴上检验配合,再从轮轴上卸下来称重,不合常理。如先注黍入一个毂孔,齐平后把该毂孔内的黍注入另一毂孔,即可比较两者是否相同。

〔12〕权:天平。古称"衡"或"权"。演变的序列是等臂天平→不等臂天平→杆秤。传安徽寿县出土的楚国"王"铜衡杆,杆上有十等分的刻度,可调整力臂和重臂之长,即是一种不等臂天平。上世纪五十年代以来,湖南楚墓中出土过不少天平和砝码,其中 1954 年长沙左家公山 15 号墓出土的一套天平砝码非常完整。(图十四)迄今为止,湖南地区楚墓出土的天平形制不大,每套砝码总重量小于两斤,一般用于商业活动中衡量黄金货币的重量。从用途来看,《考工记》"轮人"中用以检验车轮的天平应是大型的,迄今尚未在考古发掘中发现。

〔13〕可水、可县:据上文"县之,以眡其辐之直也;水之,以眡其平沉之均也",可能原为"可县,可水"。

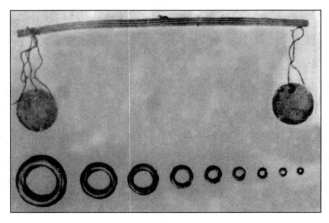

图十四　战国木衡和铜环权
(木衡杆长 27 厘米,最大的环权重 125 克,最小的重 0.6 克,
1954 年湖南长沙左家公山出土)

〔14〕国工：国家一流的工匠。

【译文】

凡制作车轮，行驶于泽地的，轮缘要削薄；行驶于山地的，牙厚上下要相等。轮缘削薄了，在泽地中行驶，就像刀子割泥一样，所以泥就不会黏附。轮子牙厚上下相等，行驶于山地，因圆厚的轮牙滚在山石上，虽然轮子用得破旧了，也不会影响凿枘而使辐条松动。凡用火揉牙，牙的外侧不［因拉伸而］伤材断裂，内侧不焦灼挫折，旁侧不曝裂臃肿，这是善于用火揉牙的表现。所以，用圆规来检验，看轮圈是否很圆；用萭来检验，看轮圈两侧是否规整；悬绳检验上下两辐是否对直；浮在水上观测浮沉的深浅是否均等；用黍测量两毂中空之处看其大小［容积］是否相同；用天平衡量两轮的重量是否相等。如果制造出来的轮子能够圆中规，平中萭，直中绳，浮沉深浅同，黍米测量同，权衡轻重同，可以称为国家一流的工匠了。

　　轮人为盖〔1〕。达常围三寸〔2〕。桯围倍之〔3〕，六寸。信其桯围以为部广〔4〕，部广六寸。部长二尺〔5〕。桯长倍之，四尺者二。十分寸之一谓之枚〔6〕。部尊一枚〔7〕，弓凿广四枚〔8〕，凿上二枚，凿下四枚。凿深二寸有半，下直二枚，凿端一枚。弓长六尺谓之庇轵〔9〕，五尺谓之庇轮，四尺谓之庇轸。叁分弓长而揉其一〔10〕。叁分其股围〔11〕，去一以为蚤围〔12〕。叁分弓长，以其一为之尊〔13〕。上欲尊而宇欲卑〔14〕。上尊而宇卑，则吐水疾而霤远〔15〕。盖已崇，则难为门也；盖也卑，是蔽目也。是故盖崇十尺。良盖弗冒弗纮〔16〕，殷亩而驰〔17〕，不队〔18〕，谓之国工。

【注释】

〔1〕盖：车盖，车盖之形如伞，用以御雨蔽日，不用时可取下。

〔2〕达常：车盖上柄。盖柄有二节，上节曰达常，下节曰桯（即盖杠），达常插入桯中。两者连接处常套以铜管箍加固。

〔3〕桯（yíng）：古时车盖柄下部较粗的一段。郑玄注引郑司农："桯，盖杠也。"参见上注。

〔4〕信（shēn）：通"伸"，舒展，伸张。　部广：车盖上柄的顶端膨大，名部，也叫盖斗（图十五）。部广，盖斗的直径。

〔5〕部长：指达常和部的总长。

〔6〕枚：古代长度单位名，等于十分之一寸，即一分。

〔7〕部尊：盖斗上端隆起的高度。

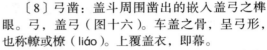

〔8〕弓凿：盖斗周围凿出的嵌入盖弓之榫眼。弓，盖弓（图十六）。车盖之骨，呈弓形，也称辐或橑（liáo）。上覆盖衣，即幕。

〔9〕庇轵：遮盖两轵。庇，遮盖，覆盖。下文"庇轮"、"庇轸"义同。

〔10〕揉（róu）：使木弯曲。这种设计既美观，又增加盖下的活动空间，但几乎不影响泻水的效果。

〔11〕股围：股之周长。股，盖弓上端入凿处。

〔12〕蚤围：蚤的周长。蚤，盖弓末端。

〔13〕尊：盖斗距弓末的高度差。

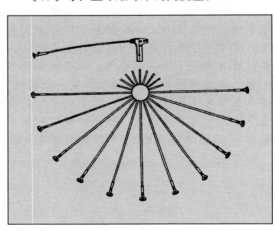

图十五　盖斗和盖柄
（1973年湖北江陵藤店出土）

图十六　盖弓装置方法示意图

〔14〕宇：屋檐。此处指车盖的外缘。

〔15〕霤（liù）：通"溜"，指下注之水。水滴在盖面上的运动基本上是一种斜面运动，它由盖弓上下的高度差所获得的势能转化为离开车盖时的动能。水滴离开车盖后作斜抛运动，其轨迹是抛物线。这几句话说明轮匠和《考工记》的作者对斜面和斜抛运动已有较细致的观察和初步的研究。"盖斗和弓末的高差为弓长的三分之一"，这是比较合理的经验数据，能达到泻水较快，斜流而远的目的。

〔16〕弗冒：盖弓上不蒙幂。冒，蒙于盖弓之幂。 弗（hóng）纮：盖弓不缀绳。纮，联缀盖弓之绳。

〔17〕殷（yǐn）亩而驰：横驰于颠簸不平的垄上。殷，震动，颠簸。亩，垄，即田中高处。

〔18〕队（zhuì）：坠落。一作"坠"，古今字，通。

【译文】

　　轮人制作车盖。上柄周长三寸，下柄周长多一倍，合六寸。展开下柄的周长作为盖斗的直径，盖斗的直径是六寸。上柄连盖斗的长度为二尺。下柄〔有两截，每截〕比上柄长一倍，〔为四尺，〕两截共八尺。十分之一寸叫做枚。盖斗上端隆起的高度为一枚。盖斗周围嵌入盖弓的凿孔宽四枚，孔上方有二枚，孔下方有四枚。凿孔深二寸半，下平，〔渐收，〕凿孔的内端高二枚，宽一枚。盖弓长六尺的，遮盖两轵；长五尺的，遮盖两轮；长四尺的，遮盖两轸。盖弓〔近盖斗〕三分之一处揉曲。以股的周长的三分之二作为蚤的周长。盖斗与弓末的高差为弓长的三分之一，盖弓近盖斗的上平部较高，而远离盖斗的宇部要低，上平部高而宇部低，泻水很快，斜流必远。车盖太高的话，〔一般的城〕门就通不过去；车盖太低的话，要遮住乘车者的视线，所以车盖的高度定为十尺。好的车盖，即使盖弓上不蒙幂，不缀绳，随车横驰于颠簸不平的垄上，盖弓也不会脱落。〔有这种技艺的，〕可以称为国家一流的工匠了。

二、舆 人

舆人为车〔1〕。轮崇、车广、衡长〔2〕，叁如一，谓之
叁称。叁分车广，去一以为隧〔3〕。叁分其隧，一在前，
二在后，以揉其式〔4〕。以其广之半，为之式崇；以其隧
之半，为之较崇〔5〕。六分其广，以一为之轸围；叁分轸
围，去一以为式围；叁分式围，去一以为较围；叁分较
围，去一以为轵围〔6〕；叁分轵围，去一以为轛围〔7〕。圜
者中规，方者中矩〔8〕，立者中县，衡者中水，直者如生
焉，继者如附焉〔9〕。凡居材〔10〕，大与小无并〔11〕，大倚
小则摧，引之则绝〔12〕。栈车欲弇〔13〕，饰车欲侈〔14〕。

【注释】

〔1〕车：车厢。古称舆，车子的荷载部分。马车车厢呈矩形，前后较
短，左右较长。小型的只能容乘员两名，大型的能容乘员三、四名。车厢
后面开门，人由此上下车。（图十七）

〔2〕车广：车厢之宽。 衡：车辕头上的横木。

〔3〕隧（suì）：深，通"邃"。指车厢之长。

〔4〕式：通"轼"，车厢前部栏杆顶端的横木。车厢中部顶端的横木
也称轼。横轼两端向下揉曲为轼柱。

〔5〕较（jué）：郑玄注："较，两輢（yǐ）上出式者。"现代学者或根
据戴震之说以为在立乘的车上，于左右两旁的车栏即輢上各安一横把手，
名较。或依照贾公彦的疏解，以为车旁栏杆短柱是輢，輢柱上再加高的一

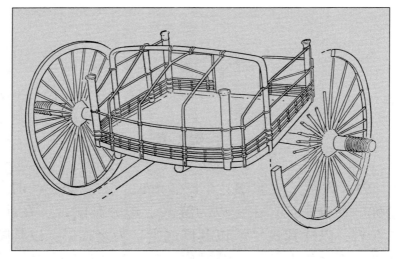

图十七　车舆和车轮
（春秋战国之交太原金胜晋国赵卿墓 8 号车复原图，1988 年发掘）

节短柱为较。汪少华认为后一种解说比较合理，并指出先秦輢是輢柱以及连接輢柱与轼柱之横栏的总称。（参见汪少华《古车舆"輢""较"考》，《华东师范大学学报（哲学社会科学版）》2005 年第 3 期。）

〔6〕轵：车厢左右两面横直交结的栏木。

〔7〕轛（zhuì）：车轼下面横直交结的栏木。

〔8〕矩：两边之间呈直角的曲尺。（参见图十三伏羲手持之矩）

〔9〕继：交接，连缀。　如附：如枝附干，紧密相连。

〔10〕居材：处理材料。

〔11〕并：装配合一。

〔12〕大倚小则摧，引之则绝：根据材料力学理论，物体由于外因或内在缺陷而变形时，在其内部相邻分子间的距离和相互作用力发生变化，这种变化力称为内力。内力的集中程度，即任一截面单位面积上两方相互作用的内力叫做应力。受力构件在其形状尺寸突然改变处，应力显著升高，这种现象即所谓应力集中，应力集中使构件容易损坏。如小件支撑大件，小件内的应力超过能承受的限度，就要崩坏。如果小件牵引大件，则易断裂。

〔13〕栈车：以竹木散材制成的车，无革装饰，鬃漆。士乘栈车。（图十八）　盫（yǎn）：狭小，狭窄。意为简便狭小。

图十八　栈车复原图
（1990 年山东临淄淄河店二号墓出土）

〔14〕饰车：有革装饰的车，大夫以上所乘。　侈：宽大。意为考究宽敞。

【译文】

奥人制作车厢。车轮的高度，车厢的宽度，车衡的长度，三者相等，称为叁称。以车厢宽度的三分之二作为车厢之长。将车厢长度三等分，三分之一在前，三分之二在后，将轵揉曲到这个位置。以车厢宽度的二分之一作为轵的高度，以车厢长度的二分之一作为较的高度。以车厢宽度的六分之一作为轸的周长，以轸的周长的三分之二作为轵的周长，以轵的周长的三分之二作为较的周长，以较的周长的三分之二作为轵的周长，以轵的周长的三分之二作为轛的周长。圆的合乎圆规，方的合乎曲尺，直立的合乎悬绳，横放的与水面平行；直立的好像从地上生出来一样，交相连缀的如枝附干一般。凡处理制车的材料，大与小〔不相称〕不能装配。如小件支撑大件，就要摧折；如小件牵引大件，则易断裂。栈车应简便狭小一些，饰车要考究宽敞一些。

三、辀 人

辀人为辀[1]。辀有三度[2]，轴有三理[3]。国马之辀[4]，深四尺有七寸；田马之辀[5]，深四尺；驽马之辀[6]，深三尺有三寸。轴有三理：一者，以为媺也[7]；二者，以为久也[8]；三者，以为利也[9]。軓前十尺[10]，而策半之[11]。凡任木[12]，任正者[13]，十分其辀之长，以其一为之围。衡任者[14]，五分其长，以其一为之围。小于度，谓之无任[15]。五分其轸间，以其一为之轴围。十分其辀之长，以其一为之当兔之围[16]。叁分其兔围，去一以为颈围[17]。五分其颈围，去一以为踵围[18]。

【注释】

〔1〕辀（zhōu）人：制辀的工官或工匠。"辀人"之名未列于《考工记》开首的三十工之内。"周人上舆"，进入战国以后，工艺进步，分工益细。由于"舆人"的一部分专攻车辕，曲辕称辀，故这部分工官或工匠又称"辀人"。本节的内容可能是从"舆人"节分化出来的，单列一节时内容可能有所增益。据《南齐书·文惠太子传》所载，南齐时有人盗发楚王冢，曾得科斗书《考工记》竹简。这是《考工记》曾在楚地流传的证据。新蔡楚简中有一批简是颁发某种物品的记录清单，宋华强认为"这种物品是用几种大小不同的量器进行计量的，其中容量最大的一种叫作'匝'。'匝'应该读为《考工记》中栗氏所为的'鬴（釜）'"。简文说："一匝，其鈺（重）一勺（钧）。"简文所记"鬴（釜）"的重量正与《考工记·栗氏》相

合。（参见宋华强《新蔡楚简所记量器"鬴（釜）"小考》,《平顶山学院学报》,2006 年第 4 期。）这是《考工记》流传到楚地的又一证据。《方言》云："车辕,楚卫人名曰辀也。"楚人也把曲辕称辀。1978 年江陵天星观一号楚墓出土了十二件龙首曲辕（辀）明器（图十九）。（参见湖北省荆州地区博物馆《江陵天星观 1 号楚墓》,《考古学报》1982 年第 1 期。）可见楚人对辀的重视。因此,不妨推测除齐人之外,楚地之人参与增益的可能性较大。李志超认为"可能《考工记》曾经荀子或其弟子之手增补,尤其是那些务虚之辞,如'国有六职'、'五色五方'等论议"（参阅李志超《国学薪火》,中国科学技术大学出版社,第 95 页）,可备一说。战国后期的荀子曾三为齐国稷下学宫祭酒;晚年定居楚地,专事授徒、著书立说。研究《考工记》的流传与整理时,荀子及其弟子的确是值得注意的人物。几十年来,楚、汉简帛文字时有出土,可惜尚未看到科斗书《考工记》竹简再现于世。笔者相信,有朝一日,《考工记》或相关竹简、帛书的发现不是没有可能的。　辀:车辕。牛车称辕,马车称辀;单根称辀,两根多称辕;辀往往为曲辕。前部上曲,后部水平。

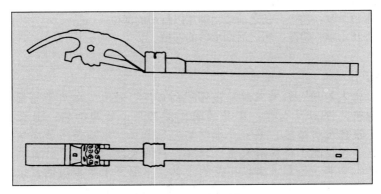

图十九　楚国漆木龙首曲辕明器
（1978 年湖北江陵天星观出土）

〔2〕三度:三种深浅不同的弧度。

〔3〕三理:三项质量指标。

〔4〕国马:国中优良的马。据郑玄注,国马包括种马、戎马、齐马、道马等,一般高八尺左右。

〔5〕田马:打猎时用以驾车的马。

〔6〕驽马:能力低下的马。

〔7〕 媺（měi）：“美”之古字，好，善。此指车轴的木理均匀无节目。

〔8〕久：坚韧。

〔9〕利：轴与毂的配合既滑又密。

〔10〕軓（fàn）：车厢底前面的横木。（参阅汪少华《从〈考工记〉看〈汉语大字典〉的释义失误》，《传统文化与现代化》1997年第3期。）

〔11〕策：竹制的马策（头上有尖刺），供驱策马之用。

〔12〕任木：车辆结构中担负重荷的木部件。戴震《考工记图》：“辀、衡、轴皆任木。”

〔13〕任正者：车厢下承受重压的木材。正，车厢。

〔14〕衡任者：车衡上两轭（è）之间的木材。轭，套在马的颈部的“人”字形马具。

〔15〕无任：不能胜任。

〔16〕当兔：垫在辀与轴垂直相交处的木块，上、下两面呈内凹弧形，以便承辀与含轴。战国中期以前的木车，一般都在轴上侧和辀下侧凿出凹槽，相互卯合。在辀、轴之间垫以当兔是一种改进。由于当兔所处位置清理不易，考古资料较少。

〔17〕颈：辀颈，辀之前端稍细用以持衡的部位。

〔18〕踵：辀踵，辀之后端承轸的部位。

【译文】

辀人制辀。辀有三种深浅不同的弧度，轴有三项质量指标。国马的辀，深四尺七寸；田马的辀，深四尺；驽马的辀，深三尺三寸。轴有三项指标，第一是木理均匀无节目，第二是木质坚韧，第三是轴与毂配合得既滑又密。辀在軓前的长度为十尺，竹策的长度为它的一半。凡车上用以担荷的木材，车厢下承受重压的，以辀长的十分之一作为周长。两轭之间的衡，以它的长度的五分之一作为周长。小于这个标准，就不能胜任负载。以两轸之间距离的五分之一作为轴的周长。以辀长的十分之一作为当兔的周长，以当兔周长的三分之二作为辀颈的周长，以辀颈周长的五分之四作为辀踵的周长。

凡揉辀，欲其孙而无弧深〔1〕。今夫大车之辕挚〔2〕，其登又难；既克其登，其覆车也必易。此无故，唯辕直且无桡也[3]。是故大车平地既节轩挚之任[4]，及其登陁，不伏其辕，必缢其牛[5]。此无故，唯辕直且无桡也。故登陁者，倍任者也，犹能以登。及其下陁也，不援其邸[6]，必緧其牛后[7]。此无故，唯辕直且无桡也，是故輈欲颀典[8]。輈深则折，浅则负[9]。輈注则利，准（利准）则久，和则安[10]。輈欲弧而无折，经而无绝[11]，进则与马谋，退则与人谋。终日驰骋，左不楗[12]；行数千里，马不契需[13]；终岁御，衣衽不敝，此唯輈之和也。劝登马力，马力既竭，輈犹能一取焉[14]。良輈环灂[15]，自伏兔不至軓七寸[16]……軓中有灂，谓之国輈[17]。

【注释】

〔1〕孙：顺木材的纹理。　弧深：輈之前部过于弯曲。

〔2〕大车：直辕牛车。　挚：郑玄注："挚，辀也。"辀（zhōu），车前低后高。意指大车直辕不上曲而低。

〔3〕无桡：不弯曲。桡，弯曲。如图二十所示，直辕大车上坡时，辕前部被牛体抬高。如果牵引力 T 与斜面所交的角为 α，则 T=（1/cos α）（Psin θ+P(δ/R)cos θ）。由此可见，T 随着 α 的增大而增大。换言之，大车的直辕较低，上斜坡就比曲辕马车困难。此外，辕前部一抬高，车子重

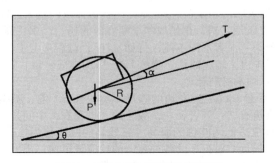

图二十　直辕大车上坡牵引费力示意图

心就向后移，就是能爬上坡，也容易翻车。

〔4〕轩挚：即轩轾，轻重，高低。

〔5〕缢（yì）：勒颈绝气。

〔6〕邸：清王宗涑《〈考工记〉考辨》："邸，当作軧，《说文·车部》云：'軧，大车后也。'今谓之车尾。邸，借字。"

〔7〕绹（qiū）：也作"鞧"，套车时拴在牛、马股后的革带。

〔8〕顾（kěn）典：郑玄注："顾典，坚韧貌。"

〔9〕浅则负：曲辕弧度不够，车体向上仰。

〔10〕辀注则利，准（利准）则久，和则安：原文为"辀注则利准利准则久和则安"，郑玄注、《黄侃手批白文十三经》等认为后面的"利准"两字系衍文。郑玄注："注则利，谓辀之揉者形如注星，则利也。准则久，谓辀之在舆下者平如准，则能久也。和则安，注与准者和，人乘之则安。""辀注则利"之"利"，指行驶利落。"辀注则利"之"注"，则是指良辀的主要特色——不深不浅而适中的弧曲。当时常用天上星象来说明地上的事物，从下文"盖弓二十有八，以象星也……"等描述来看，《考工记·辀人》的作者既不乏这方面的知识，也有类似的习惯。"注"通"咮"，《左传》称："咮为鹑火，柳星也。"《石氏星经》说："柳八星，在鬼东南，曲垂似柳。""注星"（柳宿）的主体呈弧形。《考工记·辀人》的作者借用注星的弧曲来描绘曲辕的形状，不会令人意外。准，水平；久，经久耐用。"辀注则利，准则久，和则安"意即辀（的前段弯曲），形如"注星"的连线，行驶利落；辀（的后段）水平，经久耐用。（辀的前后）曲直协调，必能安稳。1990 年山东淄博市淄河店二号战国早期墓出土了22 辆独辀马车，根据车舆结构，分为三类。第一类属轻车，数量最多，以20 号车为代表。其"辀通长 317 厘米……舆前 45 厘米处逐渐向上昂起，至 130 厘米处由扁圆变为圆柱状……辀近顶部时高昂并向后反卷"（参阅山东省文物考古研究所《山东淄博市临淄区淄河店二号战国墓》，《考古》2000 年第 10 期）由图二一可见，此辀形如以注星来比喻，是比较传神的。《记》文所记之辀，正是战国早期齐国的辀。江永《周礼疑义举要》将"辀注"释为"注者不深不浅，行如水注"；戴震《考工记图》云："辀注，谓深浅适中也，辀之曲埶，隤然下注。"均自成一说。

〔11〕经：顺木材的脉理。

〔12〕左不楗（juàn）：左边的骖马不蹇（qiān）倦、不驰行艰难。军将的战车上乘员有三：御者在左，战斗的武士在右，中间是主将。驾辕的四匹马中，靠里边的两匹称为服马，靠外侧的两匹称为骖马。两骖之中，左骖距离御者最近，对行车的各种意图的反应最迅速，出力也最大，故最受重视。楗，杜子春注："书楗或作卷。"郑玄注："券，今倦字也。"

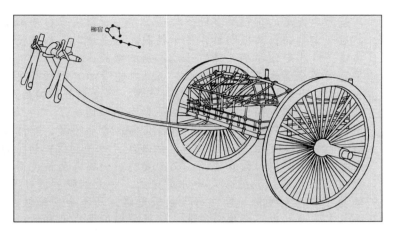

图二一　战国早期的辀形和注星示意图
（据山东临淄淄河店 20 号车复原图和李约瑟《中国科学技术史》第 3 卷 Fig.94，改画）

〔13〕契需：伤蹄，怯懦，马行不利。契，开裂。需，段玉裁《周礼汉读考》以为"需"当为"奭"，同"软"。

〔14〕劝登马力，马力既竭，辀犹能一取焉：物理学中的惯性定律认为：任何物体在不受外力作用时，都保持原有的运动状态不变，即原来静止的继续静止，原来运动的继续作匀速直线运动。这种物体固有的运动属性称为"惯性"。意大利科学家伽利略（1564—1642）在他的关于真空中抛物体路径的解释中，已经成功地掌握了这条定律，但未概括出来。接着英国科学家牛顿（1642—1727）将其表述为"任何物体，都保持其静止状态，或匀速直线运动状态，除非施加外力迫使其改变这种状态"。这一定律史称牛顿第一运动定律，即惯性定律。《考工记》的这条记载是我国古籍中关于惯性现象的最早的明确描述。马不拉后，木车在水平方向不再受力，辀和车还能顺势前进一小段路，就是依靠惯性的作用。

〔15〕漻（jiào）：所涂之漆。

〔16〕伏兔：即总叙"凡察车之道"节中提到的檋，参见该节注〔10〕。　七寸："七寸"之后疑有脱文。

〔17〕国辀：国家第一流的辀。

【译文】

凡用火揉辀，要顺木理，不要过于弯曲。现在大车的直辕较低，上斜坡就比较困难，就是能爬上坡，也容易翻车，这没有别的缘故，只是因为大车的车辕平直而不桡曲罢了。所以大车在平地上行驶，前后轻重均匀，高低相称，适于任载。到上坡时，如果没有人压伏前辕，就要勒住牛的头颈，这没有别的缘故，只是因为大车的车辕平直而不桡曲罢了。上斜坡时，虽然加倍费力，倒还是可以爬上去的；到它下坡时，如果没有人拉住车尾，縿必勒赶牛的后身，这没有别的缘故，只是因为大车的车辕平直而不桡曲罢了。所以辀要坚韧，桡曲适度。辀的弯曲过分，容易折断；弯曲不足，车体必上仰。辀〔的前段弯曲〕，形如"注星"的连线，行驶利落；辀〔的后段〕水平，经久耐用；曲直协调，必能安稳。辀要弯曲适度而无断纹，顺木理而无裂纹，配合人马进退自如，一天到晚驰骋不息，左边的骖马不会感到疲倦。即使行了数千里路，马不会伤蹄怯行。一年到头驾车驰驱，也不会磨破衣裳。这就是辀的曲直调和的缘故啊！〔良好的辀〕有利于马力的发挥，马不拉了，车还能顺势前进一小段路。良好的辀，漆纹如环，辀的后段自伏兔至离轨七寸……若轨下辀上的漆纹长久完好如环，可以称为国家第一流的辀了。

　　轸之方也，以象地也；盖之圜也，以象天也〔1〕。轮辐三十，以象日月也〔2〕；盖弓二十有八，以象星也〔3〕。龙旂九斿〔4〕，以象大火也〔5〕；鸟旟七斿〔6〕；以象鹑火也〔7〕；熊旗六斿〔8〕，以象伐也〔9〕；龟蛇四斿〔10〕，以象营室也〔11〕；弧旌枉矢〔12〕，以象弧也〔13〕。

【注释】

　　〔1〕轸之方也，以象地也；盖之圜也，以象天也：主张天圆地方的盖天说起源于新石器时代，良渚文化外方内圆的玉琮，很可能是巫师通天地的法器。参见下文"玉人"节注〔25〕。据《晋书·天文志》载：《周髀》家（第一次盖天说）云：'天圆如张盖，地方如棋局。'""所谓《周髀》者，即盖天之说也（第二次盖天说）。其本庖牺氏立周天历度，其所传则周公受于殷商，周人志之，故曰《周髀》。……其言天似盖笠，地法覆槃。"《考工记》中的车制设计，显然受到第一次盖天说的影响，同时，它也为盖天说提供了比较形象的比喻。

　　〔2〕轮辐三十，以象日月也：最初的木轮是整块圆木制成的，无辐，

称为"辁（quán）"。发明辐条后，一则可以减少自重；二则车轮可以做得较大，边上厚重，既坚固，又有较大的转动惯量，启动后，车不易随便停下，故车轮装辐是一种技术进步。我国古独辀车的辐，在商代已有装二十六根的，春秋时有装二十八根或以上的。"轮辐三十"的车子已有春秋战国之交和战国早期的考古发现资料为明显证据。1988年在山西太原金胜村发掘了M251号墓和一座大型车马坑。M251号墓墓主是赵简子（卒于公元前475年）或赵襄子（卒于公元前425年）。大型车马坑面积110平方米，共有战车、仪仗车17辆，其中三辆车的车轮辐条数为三十。（参阅山西省考古研究所、太原市文物管理委员会《太原金胜村251号春秋大墓及车马坑发掘简报》，《文物》1989年第8期。）1990年4月，山东省文物考古研究所在临淄齐陵镇附近发掘了一座战国早期大墓，即淄河店2号战国墓，在殉葬坑中清理出22辆独辀马车。下葬时车轮被拆下分开放置，共清理出车轮46个（包括残迹），其车辐数最少的20根，但以26根及30根的居多。（参阅山东省文物考古研究所《山东淄博市临淄区淄河店二号战国墓》，《考古》2000年第10期。）甘肃平凉庙庄战国晚期秦墓所出木车和秦始皇陵所出铜车上也能看到装三十辐的车轮。《老子》中提到"三十辐共一毂"，亦与《考工记》的叙述相符。这是一种取法于大自然的机械设计思想的体现和实践。

〔3〕盖弓二十有八，以象星也：星，指二十八宿，亦称"二十八星"或"二十八舍"。先秦天文家为了观测天象及日、月、五星在天空中的运行，将赤道附近的天区划分成二十八个区域，每区选取一个星官作为观测的标志，叫做二十八宿。由参酌月球在天空中的位置，可以间接推定太阳的位置；由太阳在二十八宿中的位置，可以知道一年的季节。古代中国、印度、阿拉伯均有二十八宿的概念，三者同出一源，不少天文学家认为它的源头在中国。1978年湖北随县战国初年曾侯乙墓出土的漆箱盖上，围绕北斗的"斗"字，绘有一圈二十八宿的名称，两端还配绘苍龙和白虎。（图二二）这是战国初关于我国二十八宿及四象的珍贵资料。1987年在河南濮阳西水坡仰韶文化遗址中，发现头南足北的第45号墓主人两侧用蚌壳摆塑着龙虎图案，东侧是龙形图案，西侧是虎形图案。（濮阳市文物管理委员会等《河南濮阳西水坡遗址发掘简报》，《文物》1988年第3期。）这一发现将四象中青龙白虎观念的起源提早到六千多年前。由此推想，二十八宿的创始当远早于战国初期。二十八宿分为东、南、西、北四组，每组星名在发展过程中有所变动，故各家记载不尽一致。后世通行的二十八宿名称是：东方苍龙七宿：角、亢、氐、房、心、尾、箕；北方玄武七宿：斗、牛、女、虚、危、室、壁；西方白虎七宿：奎、娄、胃、昴、毕、觜、参；南方朱鸟七宿：井、鬼、柳、星、张、翼、轸。

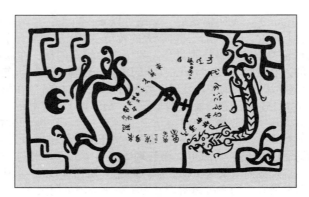

图二二　曾侯乙墓漆箱盖二十八宿图像
（摹本，原物 1978 年湖北随县出土）

　　〔4〕龙旂（qí）：画蛟龙图纹之旗，古代王侯作仪卫用。（图二三）在先秦文献中，天文学上有四象和五象两种说法：四象对应于春夏秋冬四季，五象对应于春、夏、季夏、秋、冬五季或春、夏、秋、冬、季冬五季。《考工记》中记载了龙旂等五种旗帜，分别代表五象和五季。　九斿（liú）：斿，旌旗上的飘带或下垂饰物，参见图二三。等级越高，斿数往往越多，但为了分别与五象的某组星数对应，也不尽然。陈久金认为，《考工记》所述五种旗帜与季节有关，斿数也应与季节有关。可备一说。（参阅陈久金《〈考工记〉中的天文知识》，载华觉明主编《中国科技典籍研究—第一届中国科技典籍国际会议论文集》，大象出版社，1998 年，第58 页。）

甲　传世战国铜器上战车与旗的图像　　　乙　战国刻纹铜器残片上车与旗的图像
（1978 年江苏淮阴高庄战国墓出土）

图二三　车与旗

〔5〕大火：大火星，二十八宿青龙七宿的心宿二，附近有尾宿九星。郑玄以为龙旂九斿象征大火次的尾宿九星。王健民认为古代大火曾专指心宿，后来大火扩充为指房、心两宿。房宿四星，其北面有钩钤两星，是它的附座，加以心宿三星，一共也是九颗星，龙旂九斿对应的正是这九颗星。可备一说。（参阅王健民《〈周礼〉二十八星辨》，载《中国天文学史文集》第三集，科学出版社，1984年。）

〔6〕鸟旟（yú）：绘有鸟隼（sǔn）图像的旗。

〔7〕鹑火：鹑火星，二十八宿朱鸟七宿的柳宿。东南有星宿七星。

〔8〕熊旗：绘有熊、虎图像的旗。

〔9〕伐：古星名，二十八宿白虎七宿中的参宿的附座，有星三颗，合参中三大星共六星。

〔10〕龟蛇：上画龟、蛇的旗。《太平御览》兵部卷七十二引《考工记》作"龟旐四斿，以象营室"。今本《考工记》之"龟蛇"可能是"龟旐（zhào）"之误。

〔11〕营室：古星名，二十八宿玄武七宿的室宿。室宿两星与壁宿两星共四星，这四星在早期曾合称为营室。

〔12〕弧旌：绘有弓矢或弧星图像的军旗，以象征天讨。　枉矢：矢名，利火射，结火射敌象流星。枉矢亦为星名，《史记·天官书》说："枉矢，类大流星，蛇行而仓（苍）黑，望之如有毛羽然。"枉矢是路径弯曲呈蛇行状的流星。

〔13〕弧：古星名，又名"天弓""弧矢"，属井宿，位于天狼星东南。《史记·天官书》说："狼（天狼星）……下有四星曰弧，直狼。"《宋史·天文志》说："弧矢九星，在狼星东南，天弓也。"九星（八星如弓形，外一星象矢）形如弓矢。

【译文】

轸的方形，象征大地；车盖的圆形，象征上天。轮辐三十条，象征每月三十日；盖弓二十八条，象征二十八宿。龙旂饰九斿，象征大火星；鸟旟饰七斿，象征鹑火星；熊旗饰六斿，象征伐星；龟旐饰四斿，象征营室星；弧旌饰枉矢，象征弧星。

四、攻金之工

攻金之工，筑氏执下齐[1]，冶氏执上齐[2]，凫氏为声[3]，栗氏为量[4]，段氏为镈器[5]，桃氏为刃[6]。金有六齐[7]：六分其金而锡居一[8]，谓之钟鼎之齐[9]；五分其金而锡居一，谓之斧斤之齐[10]；四分其金而锡居一，谓之戈戟之齐[11]；三分其金而锡居一，谓之大刃之齐[12]；五分其金而锡居二，谓之削杀矢之齐[13]；金、锡半，谓之鉴燧之齐[14]。

【注释】

〔1〕下齐（jì）：齐，通"剂"。冶铸青铜时，先要调剂。调剂就是根据所铸器物的不同要求，配调铜、锡、铅等金属的适当比例。含锡（包括铅）较多的青铜合金配剂称为下齐，含锡（包括铅）较少者为上齐。

〔2〕冶氏执上齐：上齐、下齐是相对而言的。《考工记》说："筑氏为削……冶氏为杀矢……戈……戟。"戈戟之齐与削、杀矢之齐相比，含锡（包括铅）较少，故称冶氏执上齐。削、杀矢之齐与戈戟之齐相比，含锡（包括铅）较多，故称筑氏执下齐。至于《考工记》原本应为"冶氏为杀矢"还是"筑氏"为杀矢，详见下文"冶氏为杀矢"节注〔3〕。

〔3〕凫（fú）氏为声：凫氏制作乐器。凫氏可能系锺氏之误，详见下文"凫氏为钟"节注〔1〕。

〔4〕栗氏为量：栗氏制作量器。

〔5〕段氏为镈（bó）器：段氏的条文已阙。镈器，泛指金属农具。

〔6〕刃：剑等大刃类兵器。

〔7〕金有六齐：即各种青铜器物的原料的六种配比。这六种配比是从商周的冶金实践中逐渐总结出来的经验归纳，是公认的世界上最早的关于青铜合金成分比例的系统著录。由于受当时科学技术水平和生产条件的制约，影响东周青铜器物合金成分比例的因素较多，《考工记》作者用如此简洁的文字作了较合理的概括，优于简单的定性讨论，实属难能可贵。

〔8〕金：一般认为指红铜，即紫铜；也有以为是指青铜合金的。无论从《考工记》有关用语（如"吴粤之金锡"），"鉴燧之齐"要求"金、锡半"的合理性，还是从多数化学分析报告来看，以前一说较佳，故下面的注释和译文均以此为据。　锡："金有六齐"中的"锡"，除锡（Sn）外，还包括铅（Pb）在内。

〔9〕钟鼎之齐：《考工记》规定钟鼎类的含锡（包括铅）量约百分之十四点三。现代科学研究表明，这一总结具有高度的科学性。对于打击乐器而言，它能符合机械、工艺和声学等综合技术特征要求。据曾侯乙编钟研究复制组的试验，当含锡量略大于百分之十三时，基频强度明显增强，分音也较充实，音色变得浑厚丰满；加少量铅不会使音色发生变化，但会使钟的振动阻尼加大，加速衰减，有利于演奏。（参阅曾侯乙编钟研究复制组《曾侯乙编钟的结构和声学特性》，载《自然科学年鉴1985》，上海翻译出版公司，1987年。）当含锡量为百分之十二至十五时，还可以用淬火回火工艺有效地调整音频并使之稳定。（参阅曾侯乙编钟复制研究组《曾侯乙编钟复制研究中的科学技术工作》，《文物》1983年第8期。）对于鼎来说，历年出土的鼎的锡铅含量大多与《考工记》的记载相近，多数具有美丽的橙黄色。1939年在河南安阳殷墟出土的司母戊大鼎（图二四），重达八百七十五公斤，是世界上现已发现的最大的古青铜器，其锡铅之和等于百分之十四点四三。

〔10〕斧斤之齐：《考工记》规定斧斤类砍杀器的含锡（包括铅）量为百分之十六点七。

〔11〕戈戟之齐：《考工记》规定戈戟类的含锡（包括铅）量为百分之二十。一般青铜含锡百分之十七至二十最为坚利，"金有六齐"中的斧斤和戈戟之齐正与此相当。

〔12〕大刃之齐：《考工记》规定大刃类（如刀、剑）的含锡（包括铅）量为百分之二十五。剑的形制详见下文"桃氏为剑"节注〔1〕。

〔13〕削杀矢之齐：杀矢，用于近射田猎之箭。《考工记》规定削、杀矢类的含锡（包括铅）量为百分之二十八点六。大刃和削、杀矢要求锋利，

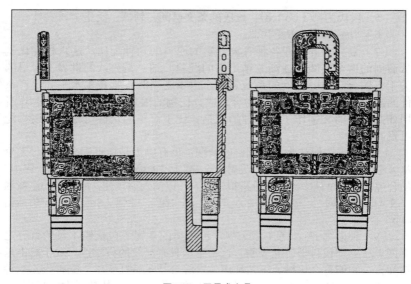

图二四　司母戊大鼎
（1939 年河南安阳殷墟出土，通高 133 厘米，重 835 公斤，左：正视与剖视，右：侧视）

图二五　春秋阳燧
（径 7.5 厘米，1956 年河南陕县上村岭出土）

即较高的硬度，故含锡量高于斧斤和戈戟之类。但削、杀矢的韧度不及大刃，大刃的韧度不及戈戟和斧斤。

〔14〕鉴燧之齐：鉴，铜镜；燧，阳燧，即凹面镜。（图二五）《考工记》要求鉴燧类的含锡（包括铅）量为百分之三十三点三。青铜的颜色随含锡量的增加逐渐由黄变白，硬度也随之增加。鉴燧要经磨制，面呈灰白之色，却不怕刚脆，故含锡量最高。但实际上，战国铜镜的锡、铅含量稍低于三分之一。现存《考工记》中未提何氏为鉴燧。"鉴燧之齐"

为"下齐"之最，今从配剂和器物分类的角度推测，制作鉴燧的很可能是
筑氏。

【译文】

冶金的工官：筑氏掌管下齐，冶氏掌管上齐，凫氏制作乐器，
栗氏制造量器，段氏制作农具，桃氏制造兵刃。青铜有六齐，金
（铜）与锡的比例为六比一的，叫做钟鼎之齐；五比一的，叫做斧
斤之齐；四比一的，叫做戈戟之齐；三比一的，叫做大刃之齐；五
比二的，叫做削、杀矢之齐；二比一的，叫做鉴燧之齐。

五、筑　氏

筑氏为削[1]。长尺博寸，合六而成规[2]。欲新而无穷，敝尽而无恶[3]。

【注释】
　　〔1〕筑氏为削：筑氏除制削外，大概还制造与削有关的其他文具。（图二六）

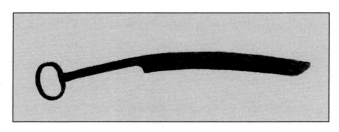

图二六　削
（长 23.1 厘米，1957 年河南信阳长台关出土）

　　〔2〕合六而成规：这是一种实用的角度和曲率表示法，叫做分规法，即通过对应的圆心角的大小来表示削的曲率。中国古代天文家因太阳的视运动大约每三百六十五又四分之一天绕地球一周，分一周天为三百六十五又四分之一度，这与《考工记》中"合几而成规"的思想是一脉相承的。
　　〔3〕敝：坏，此指锋锷磨损、破旧。　恶：瑕恶，缺损，不良。

【译文】

筑氏制削。长一尺，阔一寸，六把削恰好围成一个正圆形。要锋利得永远像新的一样，虽然锋锷磨损到头了，[材质依然如故，]不见缺损，不卷刃。

六、冶 氏

冶氏为杀矢。刃长寸，围寸，铤十之[1]，重三垸[2]。戈广二寸[3]，内倍之，胡三之，援四之。已倨则不入，已句则不决[4]。长内则折前，短内则不疾[5]。是故倨句外博[6]。重三锊[7]。戟广寸有半寸[8]，内三之，胡四之，援五之。倨句中矩[9]。与刺重三锊。

【注释】

〔1〕铤（dìng）：即箭足，箭头装入于箭杆的部分。原来铤较短，随着弓箭制作技术的进步，铤有加长的趋势。长沙紫檀铺战国墓出土的三棱形铜镞，全长二十一点五厘米，铤长十九点五厘米（图二七），正与《考工记》的记载相合。（参见湖南省文物管理委员会《湖南长沙紫檀铺战国墓清理简报》，《考古通讯》，1957年第 1 期。）

〔2〕垸（huán，又 huàn）：重量单位。郑玄注："垸，量名，读为丸。"段玉裁《周礼汉读考》说："'读为'疑当作'读如'。"戴震《考工记图》以为垸是"锾（huán）"的假借，一垸等于十一又二十五分之十三铢。今按楚制每斤二百五十克推算，一垸约等于七点五克。若按齐制每斤一百九十八点四克推算（参阅国家计量总局等主编《中国古代度量衡图集》，文

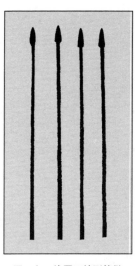

图二七 战国三棱形箭镞
（1956 年湖南长沙紫檀铺
30 号墓出土）

物出版社，1984年，第104、106页），一垸约等于五点九五克。

〔3〕刃长寸，围寸，铤十之，重三垸：此处杀矢“刃长寸，围寸，铤十之，重三垸”与“矢人为矢”节同一句重出。“冶氏为杀矢”郑玄注："杀矢与戈戟异齐而同其工，似补脱，误在此也。"《周礼汉读考》说："郑意补脱者，当补入于筑氏职，而在此是为误也。"如将“冶氏”节的“杀矢，刃长寸，围寸，铤十之，重三垸”移于“筑氏”节后，“冶氏”节前，正与“筑氏执下齐，冶氏执上齐”，以及“四分其金而锡居一，谓之戈戟之齐；……五分其金而锡居二，谓之削杀矢之齐”相合。杀矢之义参见下文“矢人为矢”注〔5〕。虞万里认为：“《冶氏》下十三字为衍文，似乎无问题，至于如何‘传写误置’在《冶氏》，歧途多端，已难以微实。然因冶氏与矢人互为联事，礼家传授、研究之时，将矢人简调至冶氏简处研读、讲解，或旁注以明其关系、意义，因而窜入正文，这是多端歧误中较为可能的一途。”（参见虞万里：《郑玄所见三礼传本残阙错简衍夺考》，《中国经学》第12辑，广西师范大学出版社，2014年，第1—50页。）可备一说。　戈：前已注。其向前部分为援，援上下皆有刃，援后接柄的部分称内，援下曲而下垂的部分称胡（图二八），商戈无胡，西周始有短胡及中胡戈出现。春秋以中胡多穿戈为主，春秋战国之交至战国前期以长胡多穿戈为主。至战国中后期，戈形更为进化，援、胡、内三者皆出利刃，杀伤力更大。

〔4〕已倨则不入，已句则不决：倨，钝角。句，锐角。戈是句兵，使用时以援横啄敌人。如援与胡之间的角度太钝，不易啄入目标；如角度太锐，则虽能创敌而不易割断之。

〔5〕长内则折前，短内则不疾：如“内”加长加固，援就变成了薄弱环节，容易折断；如“内”太短，与戈柄装配欠牢固，使用起来就不称手，攻势欠猛。《考工记》的分析符合力学原理，具有辩证的观点，这也是书中最优化设计的例子之一。

〔6〕倨句外博：（最合适的）角度是略大于直角。倨、句两字连用，即角度。

〔7〕锊（lüè）：重量单位。文献记载对锊的数值有分歧。今本《说文·金部》说：《周礼》曰：‘重三锊。’北方以二十两为〔三〕锊。”郑

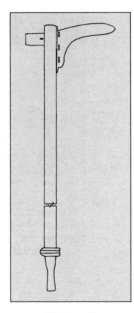

图二八　戈
（援长14厘米，宽2.7厘米，内长7.6厘米，胡长10.8厘米，全长140厘米，1971年湖南长沙浏城桥出土）

玄注也说："三锊为一斤四两。"戴震《考工记图》考证结果，锊重六又三分之二两。今本《说文·金部》又说："锊，十〔一〕铢二十五分之十三也。""锾，锊也。"将锊、锾混为一谈，是错误的。笔者根据先秦衡制和出土铜戈形制重量分析，如果锊重十一铢二十五分之十三，显得太轻；若锊为六又三分之二两，则能符合实际情形。今按楚制每斤二百五十克推算，一锊约一百零四点二克；按齐制每斤一百九十八点四克推算，一锊约合今八十二点七克。

〔8〕戟（jǐ）：前已注。戟是戈、矛（即刺）的组合兵器。清儒对戟的形制的理解有误。近几十年来，考古研究加上出土古戟实物的印证，使人们对古戟形制及其演变史有了较清楚的了解。西周戈、矛全体合用，《考工记》时代戈、矛分铸联装（图二九），至战国中后期，戈、矛变形加胍（jù）。此外，合二、三戈为一体，不一定有矛，也称戟。

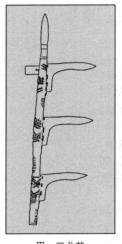

甲 三戈戟
（通长343厘米，1978年
湖北随县出土）

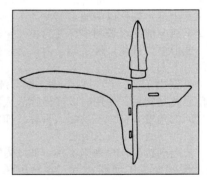

乙 戟
（戈通长26.2，刺通长9.3厘米，1951年
河南辉县赵固出土）

图二九 戟

〔9〕倨句中矩：援与胡之间的角度等于直角。

【译文】

　　冶氏制杀矢。箭镞长一寸，周长一寸，铤一尺，重三垸。

冶氏制戈，宽二寸，内长是它的二倍，[即四寸，] 胡长是它的三倍，[即六寸，] 援长是它的四倍 [，即八寸]。援和胡之间的角度太钝，战斗时不易啄人；这个角度太锐，实战时不易割断目标；内加长的话，则容易折断援；内太短的话，使用起来攻势不猛；所以援应横出微斜向上。戈重三锊。戟宽一寸半，内长是它的三倍，[即四寸半，] 胡长是它的四倍，[即六寸，] 援长是它的五倍 [，即七寸半]。援与胡纵横成直角。包括 [头上的] 刺在内，全戟共重三锊。

七、桃 氏

桃氏为剑[1]，腊广二寸有半寸[2]，两从半之[3]。以其腊广为之茎围[4]，长倍之，中其茎，设其后[5]。叁分其腊广，去一以为首广而围之[6]。身长五其茎长，重九锊，谓之上制，上士服之[7]。身长四其茎长，重七锊，谓之中制，中士服之。身长三其茎长，重五锊，谓之下制，下士服之。

【注释】

〔1〕剑：青铜剑的形制随时代而变，从春秋至战国，有加长的趋势。《考工记》中所描述的剑，盛行于战国初期前后。（图三十）

〔2〕腊：两面刃间宽度。

〔3〕从：剑身上就中隆起剑脊，从指剑脊至剑刃的部分。

〔4〕茎：剑柄。

〔5〕后：指剑茎（即剑柄）上的环状凸起（箍）。郑玄注："玄谓从中以郤稍大之也。后大则於把易制。"剑柄上还缠有丝、麻制品，便于握持。东周剑柄上有的有箍，有的无箍。有箍的剑柄上一般为双箍，单箍或三箍的较少见。周纬《中国兵器史稿》曾著录一安徽寿州出土铜剑，茎有三后（瑞典远东古物博物馆藏器），剑长45.4厘米。

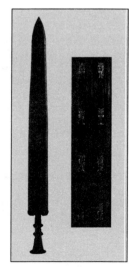

图三十　越王州句剑
（长56.2厘米，1973年湖北江陵藤店出土）

〔6〕首：剑茎的圆盘状尾部。

〔7〕上士：身材高大的士。郑玄注："人各以其形貌大小带之。"下文的"中士"指中等身材的士，"下士"指身材较矮的士。

【译文】

桃氏制剑，两边刃间阔二寸半，自中央隆起的剑脊至两刃的距离相等，各为一又四分之一寸。以两边刃间的阔作为剑柄的周长，剑柄的长度是其周长的两倍，凸起的后分布在剑柄中部。以两边刃间阔的三分之二作为圆形剑首的直径。剑身的长度是柄长的五倍，剑重九锊，称为上制剑，供上士佩用。剑身的长度是柄长的四倍，剑重七锊，称为中制剑，供中士佩用。剑身的长度是柄长的三倍，剑重五锊，称为下制剑，供下士佩用。

八、凫 氏

凫氏为钟[1]。两栾谓之铣[2]，铣间谓之于[3]，于上谓之鼓[4]，鼓上谓之钲[5]，钲上谓之舞[6]，舞上谓之甬[7]，甬上谓之衡[8]，钟县谓之旋[9]，旋虫谓之幹[10]，钟带谓之篆[11]，篆间谓之枚[12]，枚谓之景[13]，于上之攠谓之隧[14]。十分其铣，去二以为钲。以其钲为之铣间[15]，去二分以为之鼓间[16]。以其鼓间为之舞修，去二分以为舞广。以其钲之长为之甬长，以其甬长为之围。叁分其围，去一以为衡围[17]。叁分其甬长，二在上，一在下，以设其旋。薄厚之所震动，清浊之所由出[18]，侈弇之所由兴[19]，有说。钟已厚则石，已薄则播[20]，侈则柞，弇则郁[21]，长甬则震[22]。是故大钟十分其鼓间，以其一为之厚；小钟十分其钲间[23]，以其一为之厚。钟大而短，则其声疾而短闻；钟小而长，则其声舒而远闻[24]。为遂，六分其厚，以其一为之深而圜之[25]。

【注释】

〔1〕凫氏为钟：凫氏可能为锺氏之误。《考工记》"锺氏染羽"和"凫氏为钟"如何解释是悬疑已久的难题。1993 年罗泰（Lothar von Falkenhausen）指出"凫氏"和"锺氏"可能彼此错置，论点新颖，惜论据不足。（参

见 Lothar von Falkenhausen: *Suspended Music: Chime Bells in the Culture of Bronze Age China,* Berkeley, Los Angeles, Oxford: University of California Press, 1993, p.65.）笔者认为前有伶人（乐官）锺氏和伶人铸钟，后有铸钟的秦汉"乐府锺官"，在承前启后的《考工记》时代，与"磬氏为磬"对应的是"锺氏为钟"。凫为野鸭，在卜辞中为地名，金文和战国文字中有凫氏。染色凫羽用于装饰，"凫氏染羽"较为合理。"锺氏染羽"和"凫氏为钟"很可能是一对错简，应校改为"锺氏为钟"和"凫氏染羽"。详见闻人军《〈考工记〉"锺氏""凫氏"错简论考》（《经学文献研究集刊》第二十五辑，2021 年）。

钟是我国古代的重要乐器，被视为众乐之首，"钟鸣鼎食"是王公贵族权势地位的重要标志。成套演奏的一组钟叫做编钟（图三一），一组之中钟数没有严格的规定，随乐律的进步似呈增加的趋势。西周中期一般为八个，春秋中晚期一般为九个。双音青铜乐钟呈合瓦式的扁圆形（图三二），一个钟敲击正鼓部与侧鼓部时能发出两个呈小（或大）三度音程的乐音。华觉明认为："双音青铜乐钟最早出现于西周前期，俟后其形制与调音方法逐步趋于完备。""编钟形制和尺度规范在西周中期业已初步形成。"（参见华觉明：《双音青铜编钟的研究、复制、仿制和创制》，载张柏春、李成智主编《技术史研究十二讲》，北京理工大学出版社，2006 年，第 50—51 页。）发展到春秋中晚期，以楚国北部地区编钟

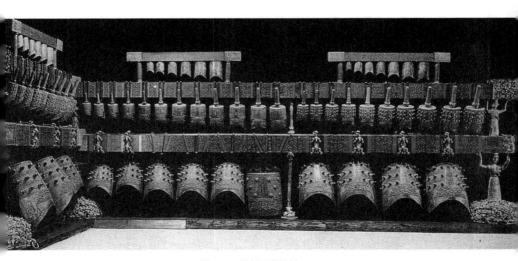

图三一 曾侯乙墓编钟
（1978 年湖北随县出土）

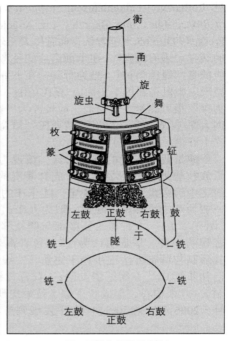

甲　随县曾侯乙墓甬钟　　　　乙　甬钟各部位的名称
（1978年湖北随县出土）　　　（据张道一《考工记注译》改绘）

图三二　甬钟

为代表，设计和制作更趋规范化，几乎与《考工记》的记载一致。至战国早期，以湖北随县曾侯乙墓编钟为代表，设计和制作工艺达到顶峰。（参见刘海旺、李京华《三百余件先秦编钟结构制度的统计与分析——实物编钟与〈考工记〉中制度的对比与研究》，载华觉明主编《中国科技典籍研究—第一届中国科技典籍国际会议论文集》，大象出版社，1998年，第146页。）

　　〔2〕两栾（luán）：指钟口的两角。钟呈合瓦式，故有两角。钟口的两角处的脊线叫做铣（xiǎn）。

　　〔3〕于：钟口两角之间的钟唇。

　　〔4〕鼓：于上受击之处。

　　〔5〕钲（zhēng）：钟体正面偏上处。

　　〔6〕舞：钟体的顶部。

〔7〕甬：钟柄。

〔8〕衡：钟柄上端面。

〔9〕旋：钟柄上悬钟之环。

〔10〕旋虫：钟纽。旋为悬钟之环，其衔环之纽以虫为饰，或铸为兽形，故称为旋虫。 幹（guǎn）：旋虫。程瑶田《考工创物小记·凫氏为钟图说》以为"幹当为斡"。王引之《经义述闻》卷九认为"幹当为斡"，意即"管"。

〔11〕篆：钟带，即钲上所铸的纹饰。

〔12〕枚：即钟乳，一般每钟三十六枚。枚不仅是一种装饰，而且它的存在构成了分音高频小单元的负载，对高频部分有加速衰减的作用，使音色更为优美。

〔13〕景：高凸。

〔14〕攠（mí）：磨错，磨错之处。 隧：也称"遂"，钟腔内从钟口延伸至钲部下缘处呈凹状的为隧，呈突起状的为音脊，供磨错调音之用。一般说来，音脊与隧分别与第一基频和第二基频的节线位置相吻合。当正鼓部（内侧有隧）受击处于波腹时，侧鼓部就处于波节，反之亦然。隧部和音脊厚度直接关系到两组振动系统的刚度和质量分布，对第一、第二基频的高低有决定性的影响。在节线位置上调音，不仅可以获得两个准确的基频，而且可将调音时的相互影响尽可能地减小。所以音脊和隧是编钟得以准确发出两个乐音的关键部位。（参阅曾侯乙编钟研究复制组《曾侯乙编钟的结构和声学特性》，载《自然科学年鉴1985》，上海翻译出版公司，1987年。）

〔15〕铣间：两铣相距之数，即钟口的最大的口径。

〔16〕去二分以为之鼓间：鼓间，两鼓间的距离，即钟口的小径。鼓间的大小有两种解释：一说以为"去二分"指缩减铣长的十分之二，则鼓间等于0.6铣长。另一说以为"去二分"指缩减铣间的十分之二，则鼓间等于0.64铣长。两说中以后者为优。（参见刘海旺、李京华《三百余件先秦编钟结构制度的统计与分析——实物编钟与〈考工记〉中制度的对比与研究》，载华觉明主编《中国科技典籍研究——第一届中国科技典籍国际会议论文集》，大象出版社，1998年，第145、148页。）

〔17〕衡围：衡的周长。文中以铣长为准，规定了（"合瓦形"）甬钟各部分尺度的对应关系，表明了当时官办手工业生产从各方面趋向规范化，即使在影响产品质量的因素十分复杂的铸钟领域内也是如此。对于一组编钟来说，它们的音阶是按一定调式排列的，基频也按一定的规律递增或递减，故相应的钟体铣长也有一定的规律性。

〔18〕清浊：清，音调较高；浊，音调较低。从理论上讲，钟的振动

实质上是一种弯曲板的板振动。对于厚度均匀的椭圆截锥形理想编钟，发声频率 $F \propto t/b^2$，式中 t 是厚度，b 是钟顶椭圆的长半轴长度。（参阅陈通《钟的振动和编钟、永乐大钟的声学特性》,《自然科学年鉴 1981》,上海科学技术出版社，1981 年。）由此可见，其振动频率随厚度的增加而增高，所以钟体越厚，频率越高，即音清；钟体越薄，频率越低，即音浊。对于实际的钟，铣长与第一基频的关系如图三三所示。在频率改变正常区内，频率随铣长的增大而缓慢地降低。同时，如果铣长不变，也可通过调整钟的厚度，使系统刚度与质量分布发生变化，从而在一定范围内改变钟的频率。编钟的理想音色，对应于铣长和壁厚的最佳组合。（图三三）

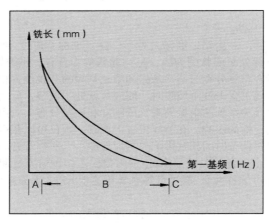

图三三　编钟铣长与第一基频的关系
（A：频率改变惰性区　B：频率改变正常区
C：频率改变敏感区）

〔19〕侈弇：根据弹性力学原理，若钟口趋向弇狭，相当于附设加固环，使弯曲刚度增大；若钟口趋向侈大，则弯曲刚度变小。据推算，振动频率随弯曲刚度的增加而增高。同时，钟口的侈大或弇狭也改变了钟体质量分布。所以说声频与钟口的侈弇有关。此外，钟口的侈弇对振幅、衰减和辐射功率也有一系列的影响，详见本节注〔21〕。

〔20〕钟已厚则石，已薄则播：石，声如击石。按声学理论，板振动的振幅与声强随厚度的增加而减小，若钟壁过厚，振幅和声强过小，声音不易发出。反之，若钟壁太薄，则振幅和声强过大。且由于钟体几何形状的过分改变，导致基频上方各个分音发生频谱变化，使音色变劣，或者发出与全组编钟不协调的特殊音色，钟声虽响而有摇扬之感。同时，声频较

低，传播时衰减较少，传得较远。

〔21〕侈则柞，弇则郁：这一现象主要有三方面的因素造成。首先，如果钟口侈大，弯曲刚度变小，其等效厚度变小，振幅和声强增大；且频率降低，传播时衰减较少。其次，由于在振速相同的情况下，振动活塞的辐射功率与面积成正比，钟口与其类似，张得越开，辐射功率就越大。再次，钟口较大的话，声波在钟腔内由于内摩擦作用而引起的衰减也较小。如果钟口弇狭，情形正好相反。故《考工记》说："侈则柞，弇则郁。"（参阅闻人军《〈考工记〉中声学知识的数理诠释》，《杭州大学学报（自然科学版）》1982 年第 4 期。）

〔22〕长甬则震：钟甬即钟柄，位于舞部之上，供甬钟悬挂之用（钮钟则以钮取代甬的位置和作用）。甬钟振动模式的激光全息图表明：第二基频的振动已波及舞部，所以甬部对振动是有影响的。（参阅曾侯乙编钟研究复制组《曾侯乙编钟的结构和声学特性》。）根据振动理论，钟柄等效于一端钳定、一端自由的棒。若钟柄过长，其振幅太大，势必对钟壳体的振动造成不适当的干扰，导致音色不正，发颤。而在甬内保留铸造时的泥芯，可以起到某种阻尼作用，从而有利于加速侧鼓音的衰减，能够改善编钟的音响效果。

〔23〕钲间：鼓上钲与舞相接处两钲间的距离，即舞广。

〔24〕钟大而短，则其声疾而短闻；钟小而长，则其声舒而远闻：钟体主要由钲部和鼓部组成，它们构成了"合瓦形"编钟的共振腔，振动时腔内形成驻波。敲击指定部位（正鼓部或侧鼓部）时，该处成为振源，然后波及钟体各部而发声。编钟振动时，钟口与钲部将发生形变，通过激光全息图可以了解编钟振动起始与终止的动态过程。编钟受击振动时，同时发出多个频率，成为复合音，其中高频部分消逝较快。就其振动时的形变特征来说，在大单元按基频振动的同时，伴随着小单元的高频振动形变。这种复合振动形变的消逝，首先从小单元的高频振动开始，逐渐形成比较单一的按基频的振动方式，接着从钲部开始，节线逐渐下移变宽，直至钟口，最后振动停止。（参阅林瑞、王玉柱等《对曾侯乙墓编钟的结构探讨》，《江汉考古》1981 年第 1 期。）如果钟体大而短，这一过程结束得早，所以钟声急疾消竭，传播距离亦不远。反之，如果钟体小而长，节线的变宽、下移，振动的消逝过程较长，所以发声舒缓难息，传播距离亦远。

〔25〕为遂，六分其厚，以其一为之深而圜之：遂，即"隧"，调音磨锉之处。钟体发音部位的厚薄对于正鼓音与侧鼓音的基频有很大的影响，一般在铸钟时对发音部位的钟壁留有适当的厚度，以便磨（精细的水磨）剀（刮削）变薄，逐步接近预定的音高标准。预留"六分之一"是经验数据。先秦钟内壁少数略见锉痕，是剀的痕迹；大多十分光滑，是精细水

磨的结果。一边磨，一边比照预定的律高进行测试，直到音高吻合为止。（参阅黄翔鹏《复制曾侯乙钟的调律问题刍议》，《江汉考古》1983年第2期。）

【译文】

　　凫氏制钟。两栾称为铣，铣间的钟唇叫做于，于上受击的地方叫做鼓，鼓上的钟体称为钲，钲上的钟顶叫做舞，舞上的钟柄叫做甬，甬的上端面叫做衡，悬钟的环状物叫做旋，旋上的钟纽叫做干，钲上的纹饰叫做篆，篆间的钟乳叫做枚，枚又叫做景，于上磨错的部位叫做隧。以钟体铣长的五分之四作为钲长，以钲长作为两铣之间的距离。以钲长的五分之四作为两鼓之间的距离。以两鼓之间的距离作为舞的纵长，以舞长的五分之四作为舞的横宽。以钲长作为甬长，以甬长作为它的周长，以甬的周长的三分之二作为衡的周长。在甬部近下端的三分之一处设置钟环。钟的厚薄，与振动频率有关；钟声清浊，产生的原由；钟口的侈大或弇狭，它的一系列影响；这些是可以解释的。钟壁过厚，犹如击石，声音不易发出；钟壁太薄，钟声响而播散；若钟口侈大，则声音大而外传，有喧哗之感；若钟口弇狭，声音就抑郁不扬。如果钟甬太长，钟声发颤。所以大钟以钟口两鼓之间距离的十分之一作为壁厚，小钟以钟顶两钲之间距离的十分之一作为壁厚。钟体大而短，钟声急疾消竭，传播距离近；钟体小而长，发声舒缓难息，传播距离远。作隧，当为弧形，深度等于壁厚的六分之一。

九、栗 氏

栗氏为量[1]。改煎金、锡则不耗[2]，不耗然后权之[3]，权之然后准之[4]，准之然后量之[5]，量之以为鬴[6]。深尺，内方尺而圜其外[7]，其实一鬴[8]。其臀一寸[9]，其实一豆[10]。其耳三寸[11]，其实一升。重一钧[12]。其声中黄钟之宫[13]。槩而不税[14]。其铭曰："时文思索[15]，允臻其极[16]，嘉量既成[17]，以观四国[18]，永启厥后，兹器维则。"[19] 凡铸金之状，金与锡，黑浊之气竭，黄白次之；黄白之气竭，青白次之；青白之气竭，青气次之，然后可铸也[20]。

【注释】

〔1〕栗氏为量：栗，古作"桌"字。量，量器。栗氏除负责制铜量外，还负责制造陶量。

〔2〕改煎：更番冶炼，提纯原料。 不耗：杂质去净，不再耗减。

〔3〕权之：用天平称重量。

〔4〕准之：郑玄注："准，故书或作水。……准，击平正之。又当齐大小。"郑玄之注相当简洁，后世学者解释多有分歧。贾公彦疏解："前经已称知轻重，然后更击锻金，令平正之，齐其金之大小也。"以为"准之"是求体积。戴震也以为"准之"是求体积，不过方法不同。他说："以合度之方器承水，置金其中，则金之方积可计，而其体之重轻大小可合而齐，此准之法也。"近世不少学者认为"准之"与校水平有关。笔者在

《考工记译注》1993 年第 1 版中说："郑玄注：'准，故书或作水。……准，击平正之。又当齐大小。'这里举出两种解释。前一说指校正水平的工艺过程。《庄子·天道》说：'水静则明，烛须眉，平中准，大匠取法焉。'铸范在浇铸时须埋入砂中，以防'跑火'。浇铸前须用水平法校正铸范，以保证浇铸质量。后一说指以铜、锡原料入水，根据排开的水量，间接测算其体积。两说并存，未有定论。"现在看来，"准之"并非单一的工艺操作，它包括从称重以后到浇铸之前的一段工序，其中最重要的是浇铸前须用水平法校正铸范，也要测体积、求密度。

〔5〕量之：笔者在《考工记译注》1993 年第 1 版中说："郑玄注：'铸之于法中也。''法'即铸范，'量之'意指浇铸工艺。另一说以为'量之'是一道检验工序，即在新铸的量器中装满水或黍，校测容积是否符合设计要求。两说并存，未有定论。"现在看来，"量之"并非单一的工艺操作，它包括从"准之"以后到成品黼之前的一段工序，其中包括浇铸工艺，但最重要的是检验校测容积是否符合设计要求。

〔6〕黼（fǔ）：同"釜"，本系姜齐的标准量器，容积为六斗四升。

〔7〕内方尺而圜其外：由于《考工记》时代还不能精确地计算圆周率，而标准量器的尺度又需要尽可能高的精确度，所以"栗氏"创造性地设计了"内方尺而圜其外"作为黼底。先作腰长为一尺的等腰直角三角形，其底边就是黼的内径。

〔8〕实：容量。

〔9〕臀（tún）：黼的圈足。

〔10〕豆：先秦量器名，也是容量单位。有大小制之分。根据子禾子铜釜、陈纯铜釜、左关铜锏实测数据和《管子》的有关记载，可推算出田齐量值为：

1 升≈205.8 毫升　　　1 豆≈820 毫升
1 区≈4116 毫升　　　1 釜≈20580 毫升

（参阅国家计量总局等主编《中国古代度量衡图集》，文物出版社，1984 年，第 48 页。）

姜齐量制小于田齐。《左传·昭公三年》说："齐旧四量，豆、区、釜、钟。四升为豆，各自其四，以登于釜，釜十则钟。"具体数值有待考证。按齐国左里敀毫豆折算，每升约合今 187.5 毫升。按 1976 年山东临淄齐故城大城内河崖头村西南遗址出土姜齐"齐升陶量"及其他姜齐旧制齐、邾陶量折算，每升约合今 187.5 毫升，可推算出姜齐量值为：

1 升≈187.5 毫升　　　1 豆≈750 毫升
1 区≈3000 毫升　　　1 釜≈12000 毫升

（参阅闻人军《齐国六种量制之演变——兼论〈隋书·律历志〉"古斛

之制"》,《中国科技史杂志》2021年第1期。)

〔11〕耳：鬴旁两侧的把手。

〔12〕钧：重量单位，一钧等于三十斤。

〔13〕中（zhòng）：符合。　黄钟：我国古代律制十二律的第一律。所谓十二律，即一均（八度）之内相邻为半音关系的十二音，依次为：黄钟、大吕、太簇、夹钟、姑洗、中吕、蕤宾、林钟、夷则、南吕、无射、应钟。十二律的产生当不晚于春秋时期。　宫：我国古代五声音阶和七声音阶之一。五声音阶依次为：宫、商、角、徵、羽。七声音阶是在五声音阶中加进变徵和变宫而成，依次为：宫、商、角、变徵、徵、羽、变宫。在五声、七声之中，以及由五声、七声构成的各种音阶之中，宫音是最重要的一个音级。"宫"同时又可作调高解释。如宫音作为调首音时的音位，在中国古律"黄钟"律上，其所属音阶序列即称"黄钟宫"。（参阅伍国栋《中国音乐》，上海外语教育出版社，1999年第1版，第336页。）除黄钟外，十二律中的任一律也都可以作为宫来构成高度不同的各种五声或七声音阶。如随县曾侯乙墓的甬钟以姑洗律为宫。东汉蔡邕的《月令章句》说："黄钟之宫长九寸，孔径三分，围九分，其余皆稍短，但大小不增减。"缪天瑞根据杨荫浏的《中国音乐史纲》（1952年），"晚周的尺，长度合今日23.0886厘米。用这种尺的九寸作为管的长度，用其三分作为管径，作成一支开管，则此管所发的音，其频率约为693.5。"认为"晚周时黄钟的频率相当于693.5"赫兹。（参阅缪天瑞《律学》，人民音乐出版社，1996年第3版，第98、108页。）黄钟的高度，各个时期，各诸侯国之间，往往有所不同。1978年湖北随县曾侯乙墓出土了编钟六十五件，上二6号钮钟钲部有铭文"黄钟之宫"，其基音实测频率为410.1赫兹。这就是说，战国初期曾国黄钟之宫的频率为410.1赫兹。（参阅程贞一《从公元前五世纪青铜编钟看中国半音阶的生成》，载湖北省博物馆等《曾侯乙编钟研究》，湖北人民出版社，1992年，第363页。）考古资料和《考工记》的记载表明，至迟在春秋战国之际，中国已存在精确的音高标准的概念，并在音乐和律度量衡制度中加以运用了。不过，《考工记》要求嘉量"其声中黄钟之宫"，即敲击时发声符合黄钟之宫，很可能是一种理想化的要求，实践上不易做到。

〔14〕槩（gài）：同"概"，量粟米等时刮平斗斛的器具，引申为刮平的动作。　税：有二说。郑众、贾公彦等释为租税。槩而不税，意即鬴是标准量器，以槩刮平，用途在于校准普通量器而非收税。戴震作"脱"解，其《考工记图》说："税者，脱然突起高于量也，言槩平之不使满出。"现二说并存，未有定论。

〔15〕时：郑玄注："时，是也。"

〔16〕允臻其极：郑玄注："允，信也。臻，至也；极，中也。言是文德之君，思求可以为民立法者，而作此量，信至于道之中。"

〔17〕嘉量：古代标准量器。实际上，嘉量提供了律、度、量、衡四种标准。其声律与黄钟之宫相符。其容积：主体一鬴，臀一豆、耳一升。重一钧可作衡量标准。深一尺之类亦可作长度标准。"栗氏"节对于嘉量的描述是现存关于战国中期以前嘉量形制的唯一记载。（图三四）

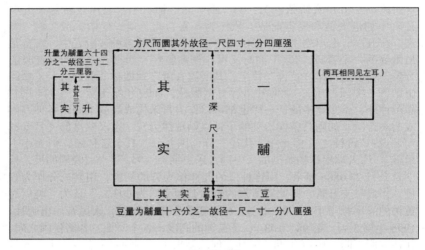

图三四　鬴

〔18〕四国：四方。

〔19〕时文思索……兹器维则：此六句嘉量铭文成韵，系周公所作，最初当用于周公时代创制的嘉量，沿用至《考工记》时代。（参见闻人军《栗氏嘉量铭及其作者》，载《考工司南》，上海古籍出版社，2017年，第141—146页。）

〔20〕凡铸金之状……然后可铸也：这一段描写如何掌握冶铸火候。文中提到的各种不同颜色的"气"，是在加热时由于蒸发、分解、化合等作用而生成的火焰和烟气。开始加热时，附着于铜料的木炭或树枝等碳氢化合物燃烧而产生黑浊气体。随着温度的升高，氧化物、硫化铜和某些金属挥发出来形成不同颜色的火焰和烟气。例如：作为原料的锡块中可能含有一些锌，锌的沸点只有907℃，极易挥发，气态锌原子和空气中的氧原子在高温下结合为氧化锌（ZnO）白色粉末状烟雾。又青铜合金熔炼时

的焰色，主要取决于铜的黄色和绿色谱线，锡的黄色和蓝色谱线，铅的紫色谱线及黑体辐射的橙红色背景。参与"铸金之状"的可能还有杂质砷，它的焰色呈淡青色。根据色度学原理，这些原子焰色混合的结果，随着炉温的升高，逐渐由黄色向绿色过渡，铜的绿色所占的比重越来越大。在 1200℃以上，锌将彻底挥发；锡的蒸气经过燃烧生成白色的二氧化锡（SnO_2），但影响微弱；铜的青焰占了绝对的优势，看起来全是青气，意味着"炉火纯青"的火候已到。此时精炼成功，可以浇铸了。这种原始火焰观察法是近世光测高温术的滥觞。现代大多数冶铸厂已配备高温监测仪表，但火焰观察法依然是准确判断冶铸火候的有效辅助手段。

【译文】

栗氏制造量器。更番冶炼铜、锡，直到〔杂质去尽，十分精纯〕不再耗减为止。然后称出所需数量的铜、锡，再依次经过"准之"和"量之"两个工艺过程，铸成为鬴。鬴的主体是一个圆筒形，深一尺，底面是边长为一尺的正方形的外接圆，它的容积是一鬴。圈足深一寸，它的容积是一豆。两侧的鬴耳，深三寸，它的容积是一升。鬴重一钧，它的声律与黄钟宫相符。以概平鬴，用途在于校准量器而非收税。鬴上的铭文说："时文思索，允臻其极。嘉量既成，以观四国。永启厥后，兹器维则。"（文德之君，为民思索，创制量器，信用卓著。标准量器，制造成功，颁示四方，仿制使用。永传后世，教训子孙，遵行此器，守为法则。）冶铸青铜的情状：以铜与锡为原料，初炼时会冒出黑浊之气；黑浊之气没有了，接着冒出黄白之气；黄白之气不见了，接着冒出青白之气；青白之气没有了，剩下的全是青气，这时就可以开始浇铸了。

十、段氏（阙）

段氏（阙）

【注释】

段氏：原文已阙，据"攻金之工"节"段氏为镈器"，段氏负责制造金属农具。

十一、函　人

函人为甲〔1〕。犀甲七属〔2〕，兕甲六属〔3〕，合甲五属〔4〕。犀甲寿百年，兕甲寿二百年，合甲寿三百年。凡为甲，必先为容〔5〕，然后制革。权其上旅与其下旅〔6〕，而重若一。以其长为之围。凡甲，锻不挚则不坚，已敝则桡〔7〕。凡察革之道〔8〕：眡其钻空〔9〕，欲其惌也〔10〕；眡其里，欲其易也〔11〕；眡其朕〔12〕，欲其直也；橐之〔13〕，欲其约也〔14〕；举而眡之，欲其丰也〔15〕；衣之，欲其无齘也〔16〕。眡其钻空而惌，则革坚也；眡其里而易，则材更也〔17〕；眡其朕而直，则制善也。橐之而约，则周也；举之而丰，则明也〔18〕；衣之无齘，则变也〔19〕。

【注释】
〔1〕甲：皮甲，殷商时期的皮甲尚是整片型的，后来发明了连缀大小不同的革片制成的皮甲，穿着利便，防护性能好。春秋战国之际车战风行之时，是皮甲胄的黄金时代（图三五）。

〔2〕犀甲：犀皮所制的甲。犀，犀牛，吻上有一或二角，皮厚而韧，可以制盾、甲和其他用品。《墨子·公输》："'荆'有'云梦'，犀兕麋鹿满之。"1963年陕西兴平出土战国错金银云纹铜犀尊（图三六），高34.2厘米，长58.1厘米，头生一角，体态雄健。由历史记载和文物可以想见先秦犀牛之一斑。惜中国境内野生犀牛早已绝迹。世界上现存的犀有五种，即印度犀、爪哇犀、苏门答腊犀、非洲犀和白犀。　七属（zhǔ）：主要有

图三五　曾侯乙墓皮甲胄复原示意图

图三六　战国云纹铜犀尊
（1963 年陕西兴平出土）

两说。一说释为甲片从上到下连缀七次，另一说释为从上到下七组甲片相连缀。属，连接，连续。《说文》："属，连也。"郑玄注："属，读如灌注之注，谓上旅下旅札续之数也。革坚者札长。"札，甲片。

〔3〕兕（sì）甲：兕皮所制的甲。兕，兽名，皮坚厚可以为甲。一说是与犀相似的一种兽，一说即雌犀，一说以为是野牛。法国神父雷焕章（Jean A. Lefeuvre，1922—2010）认为自殷商至东晋，"兕"字均是指野生圣水牛。他说："检视从《诗经》到东晋古籍中的兕，唯有当它是野水牛，我们才能对这些古籍做合理的解释。"（参阅雷焕章《兕试释》，《中国文字》新第 8 期，艺文印书馆，1983 年，第 108 页。）学术界对这一观点也

有争议。《考工记》函人中的兕究竟为何种动物，未有定论。

〔4〕合甲：削去残留在皮革表皮内侧的肉质部分，取两张表皮，合以为甲。牛皮是由天然蛋白纤维组合成的纤维束以错综复杂的方式交织而成的。牛皮革的生胶质纤维分为恒温层和网状层两个部分。平滑的一面是恒温层，它比网状层坚牢、耐磨。合甲的两面都是恒温层，因此十分坚牢。近年考古发掘中所获得的春秋至战国时期的皮甲实物资料，时代较迟的标本，往往是合甲，表面还髹漆。

〔5〕容：模型和模具。设计甲胄的时候，先要做个与实体大小相当的模型，采用样板下料，每种甲片制造成形都有个体模型和专用的模具。（参阅中国社会科学院考古研究所技术室《试论东周时代皮甲胄的制作技术》，《考古》1984年第12期。）

〔6〕上旅：每件皮甲分为上旅和下旅，甲之腰以上部分为上旅。　下旅：甲之腰以下部分（即甲裳）。

〔7〕锻不挚则不坚，已敝则桡：锻，以锤捶击。挚，精致，周到。皮甲拼块较多，缝制技术除缝纫外，有些部位还需涂胶并整敲定型。整敲时，锤子要拿平，用力要均匀。在接缝处要多敲，敲对。整敲不够，就不坚牢；整敲过度，伤了革质，就会桡曲。后德俊认为"'锻革'就是指用模具压制甲片"，"'挚'即是指皮革经模压后定型，甲片的中部呈凸起或呈弧形，否则甲片的防护能力就不大，即'不坚'"。（参阅后德俊《楚文物与〈考工记〉的对照研究》，《中国科技史料》1996年第1期。）可备一说。

〔8〕察革之道：革甲的要求较高，粒面要滑润细致，色泽要光亮柔和，手感要厚实丰满，柔软而富有弹性，做工要周身平伏，不得歪斜。古代采用手感感官检验和穿着测验的方法来鉴定皮甲的质量。尽管现代多了显微结构检验、化学分析和物理测定等手段，但皮革的某些特征，如弹性、丰满程度、软硬程度、粒面的细致光滑、伤残、色光、散光程度等，仍无法完全用仪器检测，还得借助于感官鉴定这一虽然简单，但在一定程度上相当有效的方法。

〔9〕钻空：穿线连缀革片的针孔。

〔10〕窬（yuān）：小孔貌。

〔11〕易：修治平滑、细致。

〔12〕朕（zhèn）：皮甲缝合之处。

〔13〕橐（gāo）：盛衣甲或弓箭之囊。

〔14〕约：此意为易于缠束、体积小。"约"与下文的"丰（大）"对举，有少、小之意。约，又有屈曲之意。《楚辞·宋玉·招魂》："土伯九约。"注："约，屈也。……其身九屈。"

〔15〕丰：形体宽大。郑玄注："丰，大。"

〔16〕齘（xiè）：比喻物体相接的地方参差不密合。

〔17〕更：郑众注："更，善也。"

〔18〕明：郑玄注："明，有光燿。"

〔19〕便：皮甲在身，屈伸自如，无不便感觉。

【译文】

函人制造皮甲。犀甲以七组革片连缀而成，兕甲以六组革片连缀而成，合甲以五组革片连缀而成。犀甲可以用一百年，兕甲可以用二百年，合甲可以用三百年之久。凡制甲，必先量度人的体形，制作模型和模具，然后裁剪、压制革片，要使上身和下身革片的重量一致，以甲长作为腰围。甲的革片如果敲打不细致，那就不坚牢，敲打过度，革理散伤，那就会桡曲。观察革甲的要领是：看看连缀革片穿线的针孔，愈小愈好。看看革片里子，以修治滑润细致为佳。看看缝合的甲缝，一定要顺直。卷束放入甲囊内时，要易于收放体积小；提举在手里看时，要显得宽大；穿到身上，要整齐合身。看起来连缀革片所穿的针孔小，革片一定很坚牢。革里滑润细致，品质一定很优良。甲缝笔直，那么做工必定很考究。卷放在甲囊里易于收放体积小，甲一定很顺妥密致。提举在手里看起来宽大丰满，甲一定做得好、有光泽。穿着合身，举止一定很便利。

十二、鲍　人

　　鲍人之事[1]。望而眡之，欲其荼白也[2]；进而握之，欲其柔而滑也；卷而抟之[3]，欲其无迆也[4]；眡其著[5]，欲其浅也；察其线，欲其藏也。革欲其荼白而疾浣之，则坚[6]；欲其柔滑而腥脂之，则需[7]。引而信之，欲其直也[8]。信之而直，则取材正也；信之而枉，则是一方缓、一方急也。若苟一方缓、一方急，则及其用之也，必自其急者先裂。若苟自急者先裂，则是以博为帴也[9]。卷而抟之而不迆，则厚薄序也[10]；眡其著而浅，则革信也[11]；察其线而藏，则虽敝不甐[12]。

【注释】
　　[1]鲍人：鞣治皮革的工官或工匠。未经物理和化学鞣制的生皮，干燥后特别硬，但遇水会软化，且易腐烂。经过一系列的物理和化学加工，鞣皮剂与生皮中的蛋白质纤维结合固定，就使动物皮变成了具有多种性能和优点的革，鞣革就是这种将"生皮"加工成革的工艺过程。
　　[2]荼白：荼，茅草的白花。夏天开花的，叫白茅；秋天开花的，叫菅茅。花均白色。荼白，与茅草的花一样白。
　　[3]抟（zhuàn）：卷之使紧。
　　[4]迆：斜。
　　[5]著：缝合两皮相附着之处。
　　[6]革欲其荼白而疾浣（huǎn）之，则坚：浣，洗涤。郑众云："韦

革不欲久居水中。"故曰"疾瀚之"。制革生产必须经过准备、鞣制和整理三个过程。这句话是指前两个过程。准备过程中，要将生皮或干板皮洗清、浸水，除去泥沙污物。然后刮去附在皮上的油脂和烂肉，浸泡在石灰水里，让皮上的生胶纤维适当膨胀。再除去表皮和鬃毛，使皮面洁白，富有弹性。尔后，用酸类来中和渗入皮里的碱性石灰水。鞣革工序是将矿物质鞣料和生皮放在一起，不断翻动，使鞣料渗透进生皮，与皮的蛋白质纤维结合固定，变成一种不溶于水的物质，故曰"疾瀚之，则坚"。

〔7〕欲其柔滑而腥（wū）脂之，则需（ruǎn）：腥，厚。需，通"软"，柔软。这句话是指制革生产的整理工序中上油和揉软工序。经过整理，"革"就具有弹性、丰满、柔软、延伸、抗水、透气和吸湿的性能，粒面细致平滑而清晰，色调、光泽均一而美观。（参阅诸炳生《日用皮革制品：生产·选择·保养》，上海科学技术文献出版社，1987年，第13页。）

〔8〕引而信之，欲其直也：此8字系错简，当前移44字，紧接在"欲其柔而滑也"之后。

〔9〕幓（jiǎn）：狭。

〔10〕序：郑玄注："序，舒也，谓其革均也。"

〔11〕信（shēn）：通"伸"，拉伸，伸展。郑玄注："信，无缩缓。"

〔12〕瓾（lìn）：损伤韦革中的线缕。

【译文】

鲍人的工作。[鲍人鞣治的韦革，]远看颜色要茶白；走近用手握捏要觉得柔软、平滑；把它拉伸开来要平直；把它卷紧，两边要齐正不斜；再看两皮相缝合的地方，一定要浅狭；察看缝合的线，一定要藏而不露。韦革的颜色要呈茶白，富有弹性，快速渗进鞣剂，那就会很坚牢的了。韦革要十分柔滑、润泽、涂上足够的油脂，那就会很柔软的了。伸展开来很平直，那是裁取的革理齐正之故。如果伸展开来歪斜而不平直，必定是一边太松，一边太紧。如果一边太松，一边太紧，那么到了使用的时候，一定从绷得太紧的地方先发生断裂。如果从太紧的地方先发生断裂，[不得不剪除，]这样阔革只能当狭革使用了。把革卷紧而不歪斜，它的厚薄就是均匀的。看上去两皮缝合的地方浅狭，革就不易伸缩变形。细看时接合韦革的缝线不露出来，韦革虽然用得破旧了，缝线也不会损伤。

十三、韗 人

韗人为皋陶[1]。长六尺有六寸，左、右端广六寸，中尺，厚三寸，穿者三之一[2]，上三正[3]。鼓长八尺，鼓四尺，中围加三之一，谓之鼖鼓[4]。为皋鼓[5]，长寻有四尺，鼓四尺，倨句磬折[6]。凡冒鼓[7]，必以启蛰之日[8]。良鼓瑕如积环[9]。鼓大而短，则其声疾而短闻；鼓小而长，则其声舒而远闻[10]。

【注释】

〔1〕韗（yùn）人：制造皮鼓的工官或工匠。春秋战国时期的鼓主要有三类：加四足的节鼓、鼓身贯杆的建鼓和用鼓架悬挂的悬鼓。鼓身均为横放，以鼓槌前后敲击。（图三七） 皋（gāo）陶：可能得名于原始土鼓的陶土鼓架，此处泛指鼓架。郑众注："皋陶，鼓木也。""皋陶"之后疑有脱文。

〔2〕穿（qióng）者：穹窿形鼓腹之高。

〔3〕三正：三折平分鼓木之长，分别为穿及两端，每段皆平直而不弧曲。正，平直。

〔4〕鼖（fén）鼓：古代军中所用的大鼓。

〔5〕皋鼓：也作鼛（gāo）鼓。《周礼·地官·鼓人》说："以鼛鼓鼓役事。"（图三八）

〔6〕倨句磬折：皋鼓的鼓腹向两端屈曲成钝角，大小等于一磬折（合今 151° 52′ 30″）。磬折，详见下文"车人"节注〔4〕。

〔7〕冒鼓：用皮革蒙鼓面。

甲　虎座鸟架鼓　　　　　　　　　　乙　击鼓
（复原品，1965 年湖北江陵望山楚墓出土）　（1965 年四川成都百花潭出土铜壶花纹局部）

图三七　鼓和击鼓

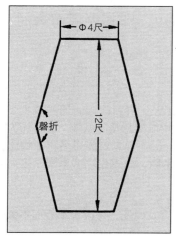

图三八　皋鼓示意图

〔8〕启蛰：节气名。《大戴礼记》中的《夏小正》说："正月启蛰，言始发蛰也。"虫类冬日蛰伏，至春复出，叫做"启蛰"。启蛰在战国时成为新创的二十四节气之一，汉代改启蛰为惊蛰。郑玄注："启蛰，孟春（正月）之中也。"其《小戴礼记·月令》注："汉始亦以惊蛰为正月中"，"汉始以雨水为二月节"。启蛰在汉初尚置于雨水之前。现行二十四节气的全部名称首见于西汉《淮南子·天文训》，为：冬至、小寒、大寒、立春、雨水、惊蛰、春分、清明、谷雨、立夏、小满、芒种、夏至、小暑、大暑、立秋、处暑、白露、秋分、寒露、霜降、立冬、小雪、大雪。在此惊蛰与雨水的次序已有变化，惊蛰在雨水后，春分前，沿袭至今。按现行公历，每年 3 月 6 日前后太阳到达黄经 345° 时为惊蛰。古人认为鼓声如雷。郑玄注："启蛰，孟春之中也。蛰虫始闻雷声而动，鼓所取象也。""鼓在此时蒙上鼓皮，就可以得到如春雷撼动大地、唤醒万物的声响，也可以得到春雷惊蛰般震起万物的力量。"（参见沈冬《先秦之声——

文献与图像的初步观察》，载《音乐的声响诠释与变迁论文集》，宜兰：传艺中心，2005年，第236—250页。）

〔9〕瑕如积环：乐器革往往选用抗张强度较高的水牛革，以在小牛出生后会吃草之前屠宰的品质较佳，其革身天然厚薄均匀、丰满，表皮细致平滑，且无伤残。在同一张皮上，由于动物各部位的纤维组织结构不同，性能也不一致，其中背部和臀部是皮革的最佳部位。如果鼓革的质量和蒙鼓革的工艺技术都属上乘，则径向受力均匀，使鼓面的痕纹呈现许多同心环形。这种良鼓，音量宏大，清脆悦耳。

〔10〕鼓大而短，则其声疾而短闻；鼓小而长，则其声舒而远闻：鼓的发声机制是：鼓的两端是周边固定的圆形薄膜，中间是柱形空气共振腔。一端皮面受击后，经过空气柱的耦合，两端皮面交替振动，不断发声。空气柱愈长，耦合愈松；空气柱愈短，耦合愈紧。为简化讨论计，可将鼓膜的振动视为具有集中质量和弹性的阻尼振动，将空气柱看作弹性控制系统，再通过机电类比，建立起鼓振动的等效电路。在电学上，这是通过电容耦合的一对 R.L.C 串联振荡回路。经过电路分析，再译成机械振动的语言，可以发现：大而短的鼓，空气柱较短，耦合较紧，阻尼大，损耗多，故鼓面振动的衰减较快；鼓愈短，鼓内声波每秒往复反射次数愈多，声频愈高而急促，声波的频率愈高，在空气中传播时愈易被吸收，衰减也较快。因此，在一定的范围内，有"鼓大而短，则其声疾而短闻"的现象出现。反之，"鼓小而长，则其声舒而远闻"。（参阅闻人军《〈考工记〉中声学知识的数理诠释》，《杭州大学学报（自然科学版）》1982年第4期。）"大而短"的鼓与"小而长"的鼓之间的声学特征的比较，也可以通过激光全息图来阐明。

【译文】

鼙人制鼓。[每条鼓木] 长六尺六寸，左右两端阔六寸，当中阔一尺，板厚三寸，中央穹隆的高度为鼓面直径的三分之一，将鼓木平分为三段，每段板面平直。鼓长八尺，鼓面直径四尺，鼓腹直径比鼓面直径多三分之一，称为鼖鼓。制作皋鼓，长一丈二尺，鼓面直径四尺，鼓腹向两端屈曲所成的钝角等于一磬折。凡蒙鼓，必定要在启蛰那天。制作精良的鼓，鼓皮上的纹理呈很多 [同心] 环形。鼓大而短，声调高而急促，传得不远。鼓小而长，声调低而舒缓，传得较远。

十四、韦氏（阙）

韦氏（阙）

【注释】

　　韦氏：原文已阙。"韦"是由生皮加工成的熟皮（皮革）。韦氏是五种治皮工官（或工匠）之一，可能专治柔熟的韦革。

十五、裘氏（阙）

裘氏（阙）

【注释】

　　裘氏：原文已阙。《说文·裘部》说："裘，皮衣也，从衣求声。"古代的裘，毛在外表，皮在里面。裘氏是五种治皮工官（或工匠）之一，可能负责制造毛绒向外的裘皮服装。

十六、画　缋

画缋之事[1]。杂五色。东方谓之青，南方谓之赤，西方谓之白，北方谓之黑，天谓之玄，地谓之黄。青与白相次也[2]，赤与黑相次也，玄与黄相次也。青与赤谓之文，赤与白谓之章，白与黑谓之黼，黑与青谓之黻，五采备谓之绣[3]。土以黄，其象方，天时变[4]，火以圜[5]，山以章[6]，水以龙[7]，鸟兽蛇[8]。杂四时五色之位以章之[9]，谓之巧。凡画缋之事，后素功[10]。

【注释】

〔1〕画缋（huì）：设色、施彩，包括绘画和刺绣。缋，绘画，《礼记·礼运》孔颖达疏："缋犹画也，然初画曰画，成文曰缋。"按《考工记》开首三十工的分工，画缋应为五个设色之工中的二个工种，疑有脱文、错简，整理者在此将二工合为一条。文中涉及的早期的五行观念，反映了阴阳五行学说在其发展过程中与科学技术、工艺美术的相互影响和渗透。

〔2〕次：次序，呼应。

〔3〕青与赤谓之文……五采备谓之绣：讲述下裳刺绣的配色。黼（fǔ），古代礼服上绣或绘的黑白相间如斧形的纹饰（刃白而銎黑）。黻（fú），古代礼服上绣或绘的黑青相间如弓形的纹饰（左青右黑）。绣，刺绣。

〔4〕天时变：郑众注："天时变，谓画天随四时色。"四时之色见于《尔雅·释天》："春为青阳，夏为朱明，秋为白藏，冬为玄英。"

〔5〕火以圜：郑玄注："郑司农云：为圜形，似火也。玄谓形如半环然，在裳。"有些学者以为商周青铜器上的圆涡纹即"火以圜"，其实"火

以圜"是指先秦火历中的大火星。在出土文物资料中，我们已能找到"火以圜"画法的实例，如湖北随县曾侯乙墓出土的绘有二十八宿图像的漆箱盖上，有一个 E 形的图案（参见图二二），就是大火星的象征。（参阅庞朴《"火历"三探》，《文史哲》1984 年第 1 期。）

〔6〕山以章：郑玄注："章读为獐，獐，山物也，在衣。齐人谓麕为獐。"孙诒让等不同意郑说，以为"此'章'即上文'赤与白谓之章'……画山者，其色以赤白，以示别异耳。"（《周礼正义》卷七十九）笔者以为郑玄从马融之说，把"章"和"獐"联系起来非为无据，惜未交代清楚。新石器时期山东大汶口文化的居民中有一种獐崇拜现象，他们对獐牙尤有兴趣，"在一些早、中期的墓葬中死者指骨近处发现獐牙或一种有骨柄和从两侧嵌入獐牙的被称为獐牙勾形器的物件。……死者手持獐牙的习俗一直延续到晚期。"（中国社会科学院考古研究所编《新中国的考古发现和研究》，文物出版社，1984 年，第 94 页。）獐为山物，它的犬齿状似山峰，故画山可以獐牙作为象征，今疑这是"山以章（獐）的"的真正含义。这一观点可从考古实物中找到根据。上世纪六十年代在山东莒县陵阳河大汶口文化遗址出土的陶尊上有类似的象形纹样，诸城前寨遗址出土的同种纹饰上还涂有红色。（参阅山东省文管处、济南市博物馆《大汶口》，文物出版社，1974 年，第 117—118 页。）（图三九）对这种符号的含

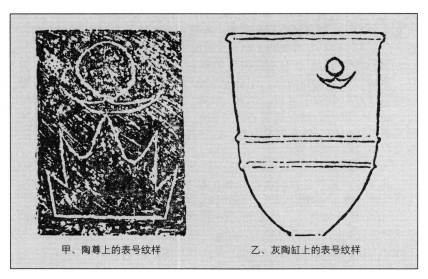

甲、陶尊上的表号纹样　　乙、灰陶缸上的表号纹样

图三九　山东莒县陵阳河遗址出土表号纹样

义，众说不一。有的释为太阳、云气和山峰，意即"旦"字。有的释为太阳、火和山，即"炅"（jiǒng）字，亦即"热"字。（参阅于省吾《关于古文字研究的若干问题》，《文物》1973年第2期。唐兰《从大汶口文化的陶器文字看我国最早文化的年代》，《光明日报》1977年7月14日。）有的释为日、月、火（大火星），意为"三辰"（参阅庞朴《"火历"三探》）。有的说这是"男女性结合的象征"，下、中部的符号是"象征男根的山纹与变形的突出阴蒂的女阴纹组合在一起"（参阅赵国华《生殖崇拜文化略论》，《中国社会科学》1988年第1期）等等。笔者以为这类表号纹样正是《考工记》所谓"火以圜，山以章"的渊源。在图三九的甲中，上面的正圆形，是太阳的象征。中间的圆弧形，"形如半环然"，可能是大火星的早期画法。下面的犬齿形，似獐牙，乃是山的象征。在图三九的乙中，省去了"山"，只剩下太阳和大火星的表意符号。在图三九的甲中，下面有"山"，更衬托出上面两个符号代表天上之物。戴吾三《考工记图说》"以为'山'很可能是'木'字之误。……按五行观念分析，《考工记》文中应有'金以×，×××'一句，今本不见，疑是脱漏"。自成一说。

〔7〕龙：数千年来，龙的形象经历了一个长期演化的过程，关于龙的起源，至今尚争论不休。有的说它的原型是动物，如蛇、鳄、蟒、猪等；有的说它的原型是虹，龙是原始社会的人们因生产的需要而对星象观察的想象物（参阅胡昌健《论中国龙神虎神的起源——兼论濮阳龙虎和墓主人》，《中国文物报》1988年6月24日）。笔者以为龙是原始宗教、巫术、天文学的产物，还可能与原始气功的内景感受有关。近年来，我国考古工作者已发掘不少与龙有关的文物，将我国的龙史上推到七八千年以前。

〔8〕鸟兽蛇：《尚书·益稷》中舜对禹曰："予欲观古人之象，日、月、星辰、山、龙、华虫，作会（绘）；宗彝、藻、火、粉米、黼、黻、绤绣，以五采彰施于五色，作服。汝明。"鸟兽蛇，郑玄注："所谓华虫也，在衣。虫之毛麟有文采者。"《礼记·王制》孔颖达疏："雉是鸟类，其颈毛及尾似蛇，兼有细毛似兽，故云鸟兽蛇。"《周礼正义》曰："雉实兼鸟、兽、蛇三者之形"。

〔9〕四时五色：四时皆配其色，春青、夏赤、秋白、冬黑，加上季夏黄，共五色。又"东方谓之青，南方谓之赤，西方谓之白，北方谓之黑，天谓之玄（黑），地谓之黄"，也是五色。　章：郑玄注："章，明也。"

〔10〕凡画缋之事，后素功：由于对"素"和"素功"的理解不同，学术界对这句话有不同的解读。传统上释"素"为白色。主要有两说：郑玄注："凡绘画先布众色，然后以素分布其间，以成其文。"即施彩色在前，然后布以素白。朱熹等释"后素"为"后于素"，"谓先以粉地为质，而后施五采。"《论语·八佾》中亦提到了"绘事后素"。其文曰："子夏

问曰：'巧笑倩兮，美目盼兮，素以为绚兮'，何谓也？子曰：绘事后素。
曰：礼后乎？子曰：起予者商也，始可与言《诗》已矣。"学术界往往将
两者联系起来解读，但是对《论语·八佾》"素以为绚兮"以及孔子所说
的"绘事后素"，学术界亦有素在前和素在后两种解读。江永《周礼疑义
举要》曾指出："盖素有本质之素，有粉白之素。本质之素在先，而粉白
之素则宜后加也。"现在一些学者或利用出土文物的"本质之素"肯定朱
说，或利用出土文物的"粉白之素"肯定郑说。比较而言，支持郑说的证
据较合理。张言梦说："古人用几乎同样的措辞，描述了绘事中两种完全
相反的工序，导致歧义，引发争论，也在所难免。画前打素底，与敷彩已
毕最后填涂白色，都是可行的，主要是看用在什么场合。"（参阅张言梦
《汉至清代〈考工记〉研究和注释史述论稿》，2005 年博士论文。）言之有
理。"功"，此处当作"功作"，即"工作"解。

【译文】
　　画缋的工作。调配五方正色。东方是青色，南方是赤色，西方
是白色，北方是黑色，代表天的是玄色，代表地的是黄色。青色与
白色相呼应，赤色与黑色相呼应，玄色与黄色相呼应。青色与赤色
相间的纹饰，叫做文；赤色与白色相间的纹饰，叫做章；白色与黑
色相间的纹饰，叫做黼；黑色与青色相间的纹饰，叫做黻。五彩齐
备，叫做绣。画土用黄色，用方形作为地的象征，画天随时节变化
而施布不同的彩色。画大火星以圆弧作为象征，画山用獐的犬齿作
为象征，画水以龙为象征，兼具鸟、兽、蛇特征的雉也是画缋所用
的纹饰。适当地调配四时五色使彩色鲜明，这才叫做技巧高超。凡
画缋的事情，必须先上彩色，然后再施白粉之饰，以衬托画面之
光鲜。

十七、锤　氏

锤氏染羽[1]。以朱湛丹秫[2]，三月而炽之[3]，淳而渍之[4]。三入为纁，五入为緅，七入为缁[5]。

【注释】

〔1〕锤氏：染羽、丝、帛、布的工官或工匠，"锤氏"可能为凫氏之误。参见闻人军《〈考工记〉"锤氏""凫氏"错简论考》（《经学文献研究集刊》第二十五辑，2021 年待刊）。　羽：鸟的羽毛，主要用来装饰旌旗、盔帽和王后的车子。

〔2〕朱：传统上一般以为是指"朱砂"，即"辰砂""丹砂"。其化学成分为硫化汞，朱红色，为炼汞的最主要原料，也可制颜料。人类最早利用的矿物颜料几乎都是红色的。我国最先使用的是赭石，即赤铁矿。第二种红色矿物颜料就是朱砂。青海乐都柳湾原始社会墓地，在一具男尸下撒有朱砂，表明我国在新石器时代中晚期已经发现和开始利用朱砂。（参阅青海省文物管理处考古队、北京大学历史系考古专业《青海乐都柳湾原始社会墓葬第一次发掘的初步收获》，《文物》1976 年第 1 期。）在楚墓的发掘中，采用朱砂染色的织物屡有发现。（参阅后德俊《楚文物与〈考工记〉的对照研究》，《中国科技史料》1996 年第 1 期。）赵匡华等认为"朱"即朱草，是一种用以染红的茜草类植物。（参阅赵匡华、周嘉华《中国科学技术史·化学卷》，科学出版社，1998 年，第 628 页。）　湛（jiān）：浸渍。　丹秫（shú）：郑众注："丹秫，赤粟。"秫，是古代一种有黏性的谷物，具体所指往往因时因地而异。如《说文·禾部》说："秫，稷之黏者。"以为是黏高粱。李时珍《本草纲目·谷部》卷二十三说："秫即粱米、粟米之黏者。有赤、白、黄三色，皆可酿酒、熬糖、作餈糕食之。"丹秫即赤秫。赵匡华等认为"丹秫"即丹栗是丹砂的别名。（参阅赵匡华、

周嘉华《中国科学技术史·化学卷》，科学出版社，1998 年，第 628 页。）对于"锺氏""以朱湛丹秝"的记载，争议较多。主要有两说：一说以为这是用矿物颜料直接涂于被染物上进行染色的石染法。另一说认为这是用植物染料浸染的草染法。《中国纺织科学技术史（古代部分）》认为石染法的解释是比较可信的。（参阅陈维稷主编《中国纺织科学技术史（古代部分）》，科学出版社，1984 年，第 84 页。）朱冰认为整个染羽过程是以朱草为染体、丹砂为间接媒染剂的"草染"法，刘明玉认为"朱冰说"是合理的。（参阅刘明玉《〈考工记〉服饰染色工艺研究——试论"钟氏染羽"》，《武汉理工大学学报（社会科学版）》2007 年第 1 期。）石染和草染两说并存，具体解释众说纷纭，未有定论。

〔3〕炽之：用火炙炽。

〔4〕淳：淋，浇灌。　渍之：浸染。在现代印染工艺中，由于颜料对纤维没有亲和力，常用黏合剂作颜料与纤维之间的媒介。丹秝的淀粉转化为浆糊，就是黏合剂。这种使用黏合剂的染色方法，除染羽外，也可用于染丝、帛和布（麻布、葛布）。

〔5〕三入为纁（xūn），五入为緅（zōu），七入为缁（zī）：纁，《说文·系部》："纁，浅绛也。"即浅红色。緅，深青透红的颜色。缁，黑色。这个染色过程是以茜草或紫草作红色染料，以明矾 [$K_2SO_4·Al_2(SO_4)_3·24H_2O$] 或矾石（$FeSO_4·7H_2O$）作媒染剂，交替媒染。随着媒染次数的增加，颜色逐渐变深变黑。例如《尔雅·释器》曰："一染谓之縓（quàn），再染谓之赪（chēng），三染谓之纁。"染三次得浅红色，五次得深青透红的颜色，七次得黑色等。如媒染剂不同，所染的颜色亦不同。茜草中色素的主要成分是茜素和茜紫素，茜素是多色性媒染性植物染料，以明矾作媒染剂，要反复染多次，才能得到较深的红色。紫草中所含的乙酰紫草宁也是媒染性植物染料，它与椿木灰、明矾媒染得紫红色。矾石可与多种媒染性植物染料形成黑色沉淀。以矾石染缁的工艺，不是矾石与被染物上原有染料的简单混合，而是通过化学反应形成了不同于原先的颜色。这一工艺是后世"植物染料铁盐媒染法"的先声。

【译文】

锺氏染羽毛。将朱草浸泡液和丹砂一起加工，三个月后，用火炙蒸，浇淋，直到得到稠厚的染浆，再浸染羽毛。[染缁之法，]浸染三次，颜色成纁；浸染五次，颜色成緅；浸染七次，颜色成缁。

十八、筐人(阙)

筐人(阙)

【注释】

　　筐人：原文已阙。筐人为施色的五种工官或工匠之一，可能为印花工。1979 年在江西贵溪仙岩一带的春秋战国崖墓中出土了双面印花苎麻织物，据报道，同时出土的还有两块刮浆板，表明当时用于画绘、印花的颜料液中，已加入浆料作增稠剂。(参见江西省历史博物馆、贵溪县文化馆《江西贵溪崖墓发掘简报》，《文物》1980 年第 11 期。)如果属实，说明在春秋战国之交确已有印花生产工艺。

十九、幌 氏

幌氏涑丝[1]。以涗水沤其丝[2]，七日。去地尺暴之[3]。昼暴诸日，夜宿诸井，七日七夜，是谓水涑[4]。涑帛[5]。以栏为灰[6]，渥淳其帛[7]。实诸泽器，淫之以蜃[8]，清其灰而盝之[9]，而挥之[10]，而沃之[11]，而盝之，而涂之，而宿之，明日沃而盝之[12]。昼暴诸日，夜宿诸井，七日七夜，是谓水涑[13]。

【注释】

〔1〕幌（huāng）氏：练丝帛的工官或工匠。 涑（liàn）：即练，在漂染丝、麻等天然纤维之前除去共生物和杂质的精练工序。必须经过精练，丝和丝绸的种种优美品质才能显露出来，才能染成鲜艳的色泽。

〔2〕涗（shuì）水：和了草木灰汁的水，郑玄释为"以灰所沛水也"。其中含氢氧化钾（KOH），呈碱性。丝胶在碱性溶液里易于水解、溶解。灰水练丝是利用这种性质进行脱胶精练。 沤（òu）：长时间浸渍。

〔3〕去地尺暴之：这是利用日光脱胶的漂白的工艺。被暴晒的丝放在高于地面一尺处，是因为这一高度附近的湿度比较合适，有利于日光脱胶漂白。

〔4〕水涑：指水练丝。水练中日光暴晒和水浸脱胶交替进行。每夜将丝悬挂在井水中央，丝能充分与水接触，有利于白天光化分解的产物溶解到井水中去，练的效果十分均匀。同时，井水中可能滋生能分泌蛋白分解酶的微生物，对练丝也有好处。时间参数"七日七夜"则是在当时的生产实践中总结出来的经验数据。这一段是关于练丝工艺的最早记载。

〔5〕涑：一作"练"，当为涑。

〔6〕栏（liàn）：即"楝"，楝树。落叶乔木。李时珍《本草纲目》卷三十五引罗愿《尔雅翼》说："楝叶可以练物，故谓之楝。"因楝叶灰水是钾溶液，呈碱性，渗透性较好，所以楝叶是传统的练丝原料。

〔7〕渥淳：浸透，浇透。《释文》："渥，与沤同。"久渍。淳，《说文·水部》："淳，渌也。"意即淋，浇灌。丝胶在楝叶灰碱性浓汁中有较大的溶解度，将帛浇透浸透，可使丝胶充分膨润、溶解。

〔8〕淫：浸淫，浸渍。　蜃：蚌壳。

〔9〕盏（lù）：滤去水。

〔10〕挥：振动。

〔11〕沃：浇水。

〔12〕实诸泽器……沃而盏之：蚌壳灰水是钙盐溶液，呈碱性，这是在丝胶充分膨润、溶解后，用大量较稀的碱液把丝胶洗下来。由于丝胶的膨化，妨碍碱液进一步渗透，帛的精练比丝更难均匀，易生现今所谓"外焦里不熟"的毛病。《考工记》针对这种情况，提出要反复浸泡、脱水、振动，使织物比较均匀地和碱液接触；还要求容器内壁光滑，避免擦伤丝绸，这些措施都是保证精练质量所必要的。这一过程也叫"灰练"。

〔13〕水湅：指水练帛。水练帛也是日光暴晒与水浸脱胶交替进行，现在仍有很多工厂采用这种方式，将丝、帛悬挂在溶液里进行精练，叫做"挂练法"。对于某些品质的丝帛，可能串联使用灰练和水练两种工艺，这样水练就兼有精练和精练后水洗的双重作用。"昼暴诸日，夜宿诸井"就成为碱练丝、酶练丝、日光脱胶的综合过程。井水中丝胶分解物的存在，能缓和碱的作用；而井水中碱的存在，又能缓和日光对丝素的破坏作用，减少暴晒过程中丝纤维强力的损失。（参阅陈维稷主编《中国纺织科学技术史（古代部分）》，科学出版社，1984年，第71—72页。）

【译文】

慌氏练丝。把丝浸入和了草木灰汁的水中，七日以后，在高于地面一尺处将丝暴晒。每日白天将丝暴晒于阳光下，夜里将丝悬挂在井水里，这样经过七日七夜，叫做水练。练帛，以楝叶烧成灰，制成楝叶灰汁，将帛浇透浸透。放在光滑的容器里，用大量的蚌壳灰水浸泡，沉淀污物。取帛滤去水，抖去污物，再浇水，滤去水，而后涂上蚌壳灰，静置过夜。第二天再在帛上浇水，滤去水〔，叫做灰练〕。然后，白天暴晒于阳光下，夜晚悬挂于井水中，这样经过七日七夜，叫做水练。

卷　下

二十、玉　人

　　玉人之事，镇圭尺有二寸[1]，天子守之。命圭九寸[2]，谓之桓圭，公守之。命圭七寸，谓之信圭，侯守之。命圭七寸，谓之躬圭，伯守之。……天子执冒四寸[3]，以朝诸侯。天子用全[4]，上公用龙[5]，侯用瓒[6]，伯用将[7]……继子男执皮帛[8]。天子圭中必[9]。四圭尺有二寸，以祀天[10]。大圭长三尺，杼上[11]，终葵首[12]，天子服之。土圭尺有五寸[13]，以致日[14]，以土地[15]。裸圭尺有二寸[16]，有瓒[17]，以祀庙。琬圭九寸而缫[18]，以象德。琰圭九寸[19]，判规[20]，以除慝[21]，以易行。璧羡度尺[22]，好三寸[23]，以为度。圭璧五寸[24]，以祀日月星辰。璧琮九寸[25]，诸侯以飨天子[26]。谷圭七寸[27]，天子以聘女。

【注释】
　　〔1〕镇圭：古代朝聘所用的信物，天子所执，其名称有安抚四方的含义。圭，玉器名，作扁平长条形，下端平直，上端成等腰三角形（图四十）。
　　〔2〕命圭：帝王授给诸侯、大臣的玉圭。命圭是册命礼仪中最为重要的瑞器，是被册命者身份地位的象征，也是被册命者的符信。（参阅孙庆伟《出土资料所见的西周礼仪用玉》，《南方文物》2007年第1期。）命圭

图四十　戴震所拟圭图

按不同级别分成桓圭、信圭、躬圭等。

〔3〕冒：通"瑁"，天子所执用以冒合诸侯之圭的玉器，验其下端与圭之上端是否符合。

〔4〕全：纯色的玉。

〔5〕龙：《说文·玉部》云："上公用玱（máng），四玉一石。"故"龙"当作"厖（máng）"，杂色的玉石。

〔6〕瓒（zàn）：《说文·玉部》云："瓒，三玉二石也。"玉在瓒中占五分之三，是比厖低一档的杂色的玉石。

〔7〕将：《唐石经》诸本同。《说文·玉部》云："伯用埒（liè），玉石半相埒也。"故"将"当作"埒"。

〔8〕继子男执皮帛：此句之前疑有脱文。郑玄注："谓公之孤也。见礼次子男，贽用束帛，而以豹皮表之为饰。"《周礼·大行人》曰："凡大国之孤，执皮帛以继小国之君。"上公之国，立孤卿一人，地位在小国之君之后。继，相继，接着。

〔9〕必：通"縪（bì）"，系物之丝带。

〔10〕四圭尺有二寸，以祀天：各长一尺二寸的四个圭，底部相向，中间隔以一璧，作为祀天之器。（参阅那志良《周礼考工记玉人新注》，台湾《大陆杂志》第29卷第1期，1964年7月。）

〔11〕杼（zhù）：削薄，削尖。郑玄注："杌，锐也。"

〔12〕终葵：椎。郑玄注："终葵，椎也。为椎于其杌上，明无所屈也。"

〔13〕土圭：土圭是与表（高八尺）配合，测量地面表影之长的标准玉板。英国科学史家李约瑟曾指出："采用土圭制度的目的，在于克服原始度量衡制的混乱……在某种意义上说，它似乎就是现代铂制米原器之类量具的先声。"（参见李约瑟《中国科学技术史》[中译本]第四卷第一分册，科学出版社，1975年，第266页。）尺有五寸：《周礼·地官·大司徒》说："日至之景（影），尺有五寸，谓之地中。"意即夏至正午影长一尺五寸的地方是大地的中心。《考工记·玉人》长一尺五寸的"土圭"，正是测地中的标准器。

〔14〕以致日：测量日影。先树立表杆（槷）测量日影，定出南北方向（详见"匠人建国"节注〔6〕）。太阳正南时为日中，用土圭度量太阳到正南方时表的影长。一年之中，表影最短的一天是夏至（图四一），表影最长的一天是冬至。由此可定一年的季节，得出一回归年的长度；研究

两至日的影长，还能推知黄道的倾角。
此外，从一天之内表影的方位变化，可
以测定时刻。

〔15〕以土地：度量地域。土，度，
度量。古人认为"地中"夏至正午日
影长一尺五寸，地中之南日影短一
些，地中之北日影长一些。地中正午
时，偏东之处已过中午，而偏西之处
尚未到中午。根据这一规律可以从日
影的短长、早晚推测某地相对于地中
的方位。影长在此起了一种反映地理
纬度的作用。《周礼·地官·大司徒》
说："凡建邦国，以土圭土（度）其地
而制其域。"也就是用以土圭测量日影
的办法来间接测量土地，辨正方位，确
定邦国的地域。不过当时以为影差一
寸，地差千里，即从古阳城（今河南登
封告成镇东北）的"地中"算起，每

图四一 夏至致日图

向北一千里，影长增一寸；每向南一千里，影长减一寸，这种比率是错
误的。

〔16〕裸（guàn）圭：灌祭宗庙和对朝见的诸侯行裸礼用的玉制酒器，
其柄用圭，称为圭瓒；裸圭是其柄，也泛指圭瓒。裸，通作"果""灌"。
祭名，指用瓒酌郁鬯（chàng）（一种香酒）灌地。周代的裸礼主要有两
类：一是"裸祭"之裸，即在宗庙合祭、大祭先王时用郁鬯灌地以降神之
礼。二是"裸飨"之裸，即贵族间行飨礼时以郁鬯裸宾客。

〔17〕瓒（zàn）：古礼器，裸祭所用盛灌鬯酒之玉勺，有鼻口，鬯酒
从中流出。以圭为柄称圭瓒，以璋为柄称璋瓒，统名玉瓒。（图四二）按
材质分，除玉瓒外，还有铜瓒、陶瓒
和漆木瓒。玉瓒相当罕见。近年台北
震旦艺术博物馆入藏的两件战国玉瓒
（分别通长 14.7 厘米，勺部口径 7 厘
米，高 5.2 厘米和通长 16.8 厘米，勺
部口径 9 厘米，高 4 厘米），证明先
秦时期确实有玉瓒存在。（参阅孙庆
伟《周代裸礼的新证据——介绍震旦
艺术博物馆新藏的两件战国玉瓒》，

图四二 战国玉瓒
（通长 14.7 厘米，勺部口径 7 厘米，
高 5.2 厘米，台北震旦艺术博物馆藏）

《中原文物》2005年第1期。)《考工记》的记载确有所本。

〔18〕琬圭：形制（甚至其有无）尚有争议，一般以为是圭之一端或两端浑圆而无棱角者。夏鼐认为可能得名于《尚书·顾命》中的"弘璧琬琰"。（参见夏鼐《商代玉器的分类、定名和用途》，《考古》1983年第5期。）　繅（zǎo）：繅藉，用与玉大小相称的木板作垫板，外面罩以韦衣。

〔19〕琰（yǎn）圭：形制（甚至其有无）尚有争议，一般认为是圭之上端成某种尖锐形者。夏鼐认为可能得名于《尚书·顾命》，参见注〔18〕。

〔20〕判规：其义尚有争论，有待考证。一般释"判"为"半"，释"规"为"圆"。也有人释"规"为"璱饰"即雕刻的凸纹。详见孙诒让《周礼正义》卷八十。吴大澂《古玉图考》认为"其制上半作半月形"，那志良以为"其说可信"。（参阅那志良《周礼考工记玉人图释》，载那志良著《古玉论文集》，台北故宫博物院出版，1983年。）蒋大沂则认为："盖言琰圭剡下，使圭首判离而成两脚规状也。"（参见蒋大沂《古玉兵杂考》，载《中国文化研究汇刊》第2卷，1942年。）

〔21〕慝（tè）：过差，邪恶。

〔22〕璧羡度尺，以璧的外径作为一尺之长的标准。远古的"径尺之璧"，加上以律出度的考量，形成了"璧羡度尺"。（参见闻人军《同律度量衡》之"璧羡度尺"考析》，载《考工司南》，上海古籍出版社，2017年，第133—140页。）栗氏嘉量的设计自一尺始，其尺长标准即来自"璧羡度尺"。璧羡，璧的外径。璧，平圆形中心有孔的玉器。古代贵族朝聘、祭祀、丧葬时的礼器，也作装饰品，往往被视为权力或财富的象征。璧边称为"肉"，璧孔称为"好"。郑众注："羡，径也。"（图四三）度尺，一

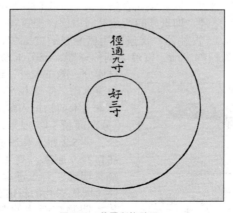

图四三　戴震所拟璧图

尺之长的标准。度,长度。

〔23〕好:玉璧之孔。

〔24〕圭璧:有人以为"圭璧"是古代诸侯祭祀、朝会时用作符信的一种玉器。那志良、夏鼐等认为当指圭、璧两物。

〔25〕璧琮(cóng):有人以为指某一种兼有璧和琮特征的玉器,那志良、夏鼐等认为当指璧、琮两物。(参阅夏鼐《商代玉器的分类、定名和用途》,《考古》1983年第5期。)琮,中为圆筒,外周方的玉器。(图四四)大约五千年前的良渚文化遗存中已出土大量精美玉琮。盖天说主张:"方属地,圆属天,天圆地方。"(《周髀算经》)张光直认为琮兼具天(圆)地(方)的特形,"是天地贯通的象征,也便是贯通天地的一项手段或法器。"(参阅张光直《谈"琮"及其在中国古史上的意义》,载《文物与考古论集》,文物出版社,1986年,第254页。)林巳奈夫认为琮是玉做的"主",是宗庙中祭祀时请神明祖先的灵降临凭依之物。邓淑苹曾认为琮在典礼中套于圆形木柱的上端,用作神祇或祖先的象征。后又提出圆璧应平放于直立的方琮之上端,璧象征天圆,琮象征地方。(参见邓淑苹《由"绝地天通"到"沟通天地"》,《故宫文物》第六卷第七期,1988年10月。)早期的玉琮大多刻有纹饰(神徽),殷商以降,琮的地位、作用下降,遂以素面为主。

图四四　玉琮
(高7.2厘米,边宽8.5—8.6厘米,孔径6.7—6.9厘米,
1982年江苏常州寺墩良渚文化遗址出土,南京博物院藏)

〔26〕飨（xiǎng）：一作"享"。供献。

〔27〕谷圭：古代诸侯用以讲和或聘女的玉制礼器。《周礼·春官·典瑞》曰："谷圭，以和难，以聘女。"郑玄注："谷，善也，其饰若栗文然。"谷圭的表面可能有谷状纹饰。

【译文】

玉人的工作。镇圭长一尺二寸，天子执守；长九寸的命圭，叫做桓圭，公执守；长七寸的命圭，叫做信圭，侯执守；长七寸的命圭，叫做躬圭，伯执守；……天子所执的瑁，长四寸，在接受诸侯的朝觐时使用。天子用纯色的玉，上公用杂色的玉石（玉石之比为四比一），侯用质地不纯的玉石（玉石之比为三比二），伯用玉和石各占一半的玉石。……[上公的孤]跟在子男之后觐见，执持皮饰的束帛。天子的圭，系带穿孔在其中央。四圭各长一尺二寸，用以祀天。[天子所搢的]大圭长三尺，自中部向上逐渐削薄，其首形如方椎，天子服用。土圭长一尺五寸，用以测量日影，度量地域。裸礼用的圭瓒长一尺二寸，用以祭祀宗庙。琬圭长九寸，用垫板，[使者执持]用以传达王命、赐有德诸侯。琰圭长九寸，作"判规"状，用以诛逆除恶，改易诸侯的恶行。璧外径长一尺，内孔直径三寸，用作尺的长度标准。圭[长]璧[径]五寸，用以祭祀日月星辰。璧[径]琮[长]九寸，诸侯用以供献天子。谷圭长七寸，天子用以聘女。

大璋、中璋九寸[1]，边璋七寸[2]，射四寸[3]，厚寸。黄金勺[4]，青金外[5]，朱中[6]，鼻寸[7]，衡四寸[8]，有缫[9]。天子以巡守，宗祝以前马[10]。大璋亦如之，诸侯以聘女[11]。琰圭璋八寸[12]，璧琮八寸，以覜聘[13]。牙璋、中璋七寸[14]，射二寸，厚寸，以起军旅，以治兵守。驵琮五寸[15]，宗后以为权[16]。大琮十有二寸，射四寸[17]，厚寸，是谓内镇，宗后守之。驵琮七寸，鼻寸有半寸，天子以为权。两圭五寸有邸^{〔18〕}，以祀地，以旅四望^{〔19〕}。璨琮八寸^{〔20〕}，诸侯以享
夫人。案十有二寸^{〔21〕}，枣、栗十有二列，诸侯纯九^{〔22〕}，
大夫纯五，夫人以劳诸侯。璋邸射素功^{〔23〕}，以祀山川，
以致稍饩^{〔24〕}。

【注释】

　　〔1〕大璋、中璋：璋和圭基部相似，但上端不同。圭是条形片状而且
有三角形尖首的一类玉器，经夏鼐考证，学术界已有共识（参见夏鼐《商
代玉器的分类、定名和用途》，《考古》1983 年第 5 期。）璋的上端则有争
议。李零、孙庆伟等认为："周代的璋，学者多认为作半圭状，其实并不
符合事实，而更可能就是扁平长条形的玉版。"（参阅孙庆伟《周代祼礼的
新证据——介绍震旦艺术博物馆新藏的两件战国玉瓒》，《中原文物》2005
年第 1 期。）有些学者认为璋的上端是一道斜边或歧首。（参阅唐忠海、汪
少华《"射"之名实考》，《汉语史研究集刊》第八辑，巴蜀书社，2005 年
12 月。）图四五甲为上作斜边之璋，图四五乙为上作歧首之璋。愚以为凡
是条形片状其首不符圭之形制者，均可归入璋类。大璋加有纹饰，中璋文
饰稍杀减，均长九寸。此处大璋、中璋实指大璋瓒、中璋瓒。

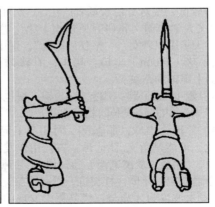

甲　戴震所拟璋图　　　　　　乙　持璋铜人像
　　　　　　　　　　　　（1986 年四川广汉三星堆二号坑出土）

图四五　璋

〔2〕边璋：长七寸、半文饰的璋。此处边璋实指边璋瓒。

〔3〕射：此指璋的射。郑玄注："射，琰出者也。"孙诒让《周礼正义》云"琰与剡同"。剡（yǎn），削尖，锐利。唐忠海、汪少华认为："璋的'射'分两种情况：有歧首的'璋'的'射'指'璋'之长尖顶至叉口处（歧）的区间，无歧首的'璋'则指璋端斜出之角。"（参阅唐忠海、汪少华《"射"之名实考》，《汉语史研究集刊》第八辑，巴蜀书社，2005年12月。）四川广汉三星堆二号祭祀坑出土的持璋铜人像即手奉一种有歧首的"璋"。

〔4〕黄金：可能是黄金，也可能是呈黄色的铜合金。

〔5〕青金外：一说为外饰铅或青铜，另一说认为将绿松石饰于金属勺外。以后者的可能性较大。

〔6〕朱中：内髹红漆。

〔7〕鼻：瓒吐酒的流口。

〔8〕衡：瓒勺体部分的直径。

〔9〕缫：垫板。详见上文"玉人"节注〔18〕。

〔10〕宗祝：大（tài）祝，掌祈祷之官。　前马：祭山川用马，杀马之前，先执瓒酌酒浇地，即行灌礼。

〔11〕大璋亦如之，诸侯以聘女：陈祥道《礼书》以为错简在此，当前移44字，接在"谷圭七寸，天子以聘女"之后。执璋和执圭不同。圭是最贵重的符信，故多为对地位尊贵者或地位尊贵者本身所执用。使用璋之身份较低，或对身份较低者所用。（参阅张光裕《金文中册命之典》，《香港中文大学中国文化研究所学报》第十卷下册，1979年。）故"谷圭长七寸，天子用以聘女"，"诸侯以聘女"，则用大璋。

〔12〕瑑（zhuàn）圭璋：瑑圭，有瑑饰的圭；瑑璋，有瑑饰的璋。瑑，玉器上雕饰的凸纹。

〔13〕覜（tiào）聘：郑玄注："覜，视也；聘，问也；众来曰覜，特来曰聘。"覜，古代诸侯聘问相见之礼。

〔14〕牙璋、中璋：那志良《周礼考工记玉人新注》以为："'中璋'二字在此，可能是衍文。"牙璋，古代用作发兵符信的璋。牙璋的剡侧成"鉏牙"状。沈括《梦溪笔谈》卷三说："牙璋，判合之器也，当于合处为牙，如今之合契。牙璋，牡契也，以起军旅，则其牝宜在军中，即虎符之法也。"王永波以为牙璋与三代墓葬中发现的"玉柄形器"有关，是由大汶口文化的"獐牙勾形器"演化而来的。（参阅王永波《牙璋新解》，《考古与文物》1988年第1期。）这种见解有待继续论证。

〔15〕驵（zǔ）琮：用作砝码的玉器。一般认为驵琮是系组之琮，也有人以为是扁矮而刻有纹饰的琮。驵，通"组"。

〔16〕宗后：王后。　权：此处指天平的砝码，后世演变为秤锤。

〔17〕射：此指琮的射，与璋的射不同。郑玄注："射，其外锄牙。"《白虎通义·文质篇》云："圆中、牙身、方外，曰琮。"历来学术界对记文和郑注有不同的解读。近世考古学界往往认为"射"指琮体上下两端突出像井沿的部分，但学术界仍有不同意见。琮的射有待继续考证。

〔18〕两圭五寸有邸：各长五寸的两圭，底部相向而放。邸，通"底"。

〔19〕旅：祭祀名。　四望：四方。

〔20〕琢琮：雕饰有凸纹的玉琮。

〔21〕案：案，几属食器，有足，用以盛食物。玉案，有玉饰的案。（图四六）

图四六　楚国漆案
（高23厘米，长99厘米，宽43.2厘米，1957年河南信阳出土，复原品）

〔22〕纯：皆。

〔23〕璋邸射：璋从基部剡出。邸，根底。郑玄注："邸射，剡而出也。"　素功：无雕饰之纹。

〔24〕稍饩（xì）：官府发给的粮食。稍，禀食。饩，饔（yōng）饩，熟食和生牲。

【译文】
　　大璋、中璋长九寸，边璋长七寸，〔尖的〕射占四寸，厚一寸。〔璋瓒〕以黄金〔铜〕作勺，外镶绿松石，内髹朱漆，瓒鼻长一寸，勺体部分直径四寸，有垫板。天子巡狩时，由大祝杀马祭山川之前，行灌礼用。大璋也一样，诸侯用以聘女。琢圭、琢璋长八寸，璧［径］琮［长］八寸，供规聘之用。牙璋、中璋长七寸，［尖的］射占二寸，厚一寸，用以发兵，调动号令守卫的军队。驵琮长五寸，王后用作权。［内官的］大琮长一尺二寸，牙状的射占四寸，自口至肩厚一寸，是所谓内镇之物，由王后执守。驵琮长七寸，鼻纽一寸半，天子作为权。各长五寸的两圭，底部相向，［中间隔以一琮，］用以祀地和旅祭四方。璩琮长八寸，诸侯用以供献国君的夫人。玉案的高度一尺二寸，各盛枣、栗，并列十二对，诸侯皆并列九对，大夫皆并列五对，夫人用以慰劳诸侯等。璋自基部剡出，没有雕饰的，用以祭祀山川，用作［给宾客］送食物饔饩的瑞玉。

二一、榋人（阙）

榋人（阙）

【注释】

榋（zhì）人：琢磨的五种工官或工匠之一。原文已阙。榋，梳篦的总称。古代梳篦的原材料包括木、玉、骨、角、牙等，榋人就以这些原材料琢磨成梳篦。（图四七）

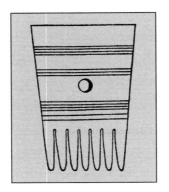

图四七　商代玉栉
（长约9厘米，下端阔约4.5厘米，
中国历史博物馆陈列品）

二二、雕人（阙）

雕人（阙）

【注释】

雕人：琢磨的五种工官或工匠之一，原文已阙。《经典释文》："雕人，音彫，本亦作彫。"《说文·彡部》："彫，琢文也，从彡周声。"雕人负责雕琢，所用的原材料恐有多种。

二三、磬 氏

磬氏为磬[1]。倨句一矩有半[2]，其博为一，股为二，鼓为三[3]。叁分其股博，去一以为鼓博。叁分其鼓博，以其一为之厚。已上[4]，则摩其旁[5]；已下[6]，则摩其耑[7]。

【注释】

〔1〕磬：磬是打击乐器。（图四八）其质料是影响音质好坏的重要因素，一般以玉、石（如石灰岩）制成；也有陶质、木质的，作为明器。后世还出现过铜铁质的。我国至迟在龙山文化晚期（距今四千余年）已有原始石磬。原始石磬系打制而成，商代的特磬往往经过琢磨，做工精美。商代后期开始出现三至五具一套的编磬。周代编磬每套的磬数逐渐增多，形制渐趋规范化。至《考工记》时代，磬氏列为琢磨的五个工种之一，这是因为磬面的光洁度对发声的灵敏度和鲜明性等有直接的影响。湖北省复制曾侯乙编磬的专家认为：磬的琢磨工序不仅是美观的需要，而且可以改善音响效果。（参阅湖北省博物馆、中国科学院武汉物理研究所《战国曾侯乙编磬的复原及相关问题的研究》，《文物》1984年第5期。）磬悬挂时，股部上翘，鼓部下垂。奏磬时，敲击鼓部，最佳敲击点是鼓上角。

〔2〕倨句：角度，此处指磬的上股与上鼓所夹的顶角。 一矩有半：一个半直角，合今135度。矩，直角。考古发现和出土的东周编磬中，已发现不少磬的倨句在135度左右，且以齐文化区的较为典型。如1970年山东诸城县臧家庄、1978（一作1979）年山东临淄大夫观齐国故城、1990年山东临淄淄河店二号墓、1988年山东阳信西北村等出土的几套编磬，其倨句平均值近于135度。特别是战国早期的淄河店二号墓 M252：2 号磬

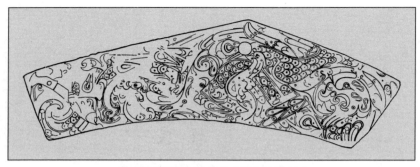

甲　战国彩绘石磬（1970 年湖北江陵出土）

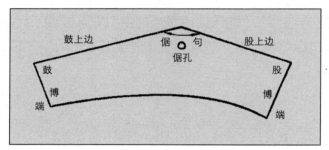

乙　磬的部位名称示意图

图四八　磬

（断裂为 3 块，无缺失），股宽 10.0、股上边 20.0、鼓上边 30.0 厘米，倨
句 135 度，这几个主要尺度与《考工记·磬氏》记载完全一致。1985 年山
东滕州薛国故城出土的 7 件战国编磬，其倨句值在 132—136 度之间，平
均值为 134 度强。1982—1983 年间，临淄区齐都镇韶院村一位农民将他
保存了三十年的一枚石磬献给了齐国故城遗址博物馆，该磬为黑石质，磬
背（股上边）上有篆铭"乐堂"两字，其倨句为 135 度。该石磬出土于齐
故城郭城之内的遗址中，可能是东周时齐国乐府所用之乐器。（参阅张龙
海《临淄韶院村出土铭文石磬》，《管子学刊》1988 年第 3 期。《中国音乐
文物大系》总编辑部《中国音乐文物大系·山东卷》"第一章乐器第九节
磬"及附表，大象出版社，2001 年。）追溯源头，陕西扶风召陈乙区遗址
及云塘、宝鸡贾村塬上官村、长安张家坡 84SCCM157 等遗址或墓葬出土
或征集的一些西周中、晚期石磬，已是凸五边形的倨顶型石磬。方建军统
计了较完整或已残断但经复原的 9 件石磬，其倨句值在 132—138 度之间，

平均值为 136 度。东周磬与西周磬之间存在发展承继关系。(参阅方建军
《西周磬与〈考工记·磬氏〉磬制》,《乐器》1989 年第 2 期。)

〔3〕博为一, 股为二, 鼓为三: 博, 宽度, 此处指股博, 即股宽。
股, 股长。鼓, 鼓长。制磬也用模数制, 与钟等一样, 反映了当时技术
美学思想已经萌芽。按模数制磬, 一套编磬均为相似形, 每具磬只需附加
一个参数就能确定形制, 对于振动方式较钟简单的磬, 更易找到符合乐律
要求的尺寸, 减少调音的工作量。然在《考工记》时代, 一套编磬制作的
成功与否, 主要看它是否符合乐律要求, 不能强求其形制尺寸与《考工
记》的记载或规定严格一致。王国维《观堂集林别集·古磬跋》曾指出:
"盖《考工》言其制度之略, 至作器时仍以音律定之。……则其所言之长
广厚薄之度, 固不能无出入矣。"(转引自高蕾《河南省出土石磬初探》,
《中原文物》2001 年第 5 期。)此论已被历年出土的东周编磬一再证实。

〔4〕已上: 磬声太清, 即频率太高。已, 太。

〔5〕则摩其旁: 由于质料的一致性难以保证, 或者由于做工的偏差,
编磬制成后需要调音, 才能符合设计的要求。根据振动理论, 磬的发音机
制是弹性板的横振动, 如取具有自由边界条件的正方形板的横振动来模
拟, 发声频率与板的厚度成正比, 与板的面积成反比。对于磬形板而言,
发声频率随着磬形厚度的增加而升高, 随着面积的增加而降低。若频率偏
高, 就摩两旁, 使磬变薄, 以降低频率。

〔6〕已下: 磬声太浊, 即频率太低。

〔7〕则摩其耑 (duān): 据本节注〔5〕, 若磬声频率过低, 通过摩端
部, 可减少振动面积, 导致频率升高。两端部指股博和鼓博, 弧边是下
端。考古发现的一些实物上, 其股博或鼓博或弧边上有摩的痕迹。磨旁和
磨端的结合, 可随意调整实际产品的音高和悬挂角度, 使之符合预定的目
标。耑, 古"端"字。

【译文】

磬氏制磬。顶角的倨句为一矩半 (一百三十五度)。取股宽为
一个单位长度, 则股长为两个单位长度, 鼓长为三个单位长度。鼓
宽是股宽的三分之二, 以鼓宽的三分之一作为磬的厚度。磬声太
清, 就摩两旁调音; 磬声太浊, 则摩端部调音。

二四、矢 人

矢人为矢[1]。鍭矢[2]，叁分。茀矢[3]，叁分，一在前，二在后。兵矢、田矢[4]，五分，二在前，三在后。杀矢[5]，七分，三在前，四在后。叁分其长，而杀其一[6]。五分其长，而羽其一。以其笴厚为之羽深[7]。水之，以辨其阴阳[8]。夹其阴阳，以设其比[9]；夹其比，以设其羽；叁分其羽，以设其刃[10]。则虽有疾风，亦弗之能惮矣[11]。刃长寸，围寸，铤十之[12]，重三垸[13]。前弱则俛[14]，后弱则翔[15]，中弱则纡[16]，中强则扬[17]。羽丰则迟，羽杀则趮[18]。是故夹而摇之，以眡其丰杀之节也；桡之，以眡其鸿杀之称也[19]。凡相笴，欲生而抟[20]。同抟，欲重；同重，节欲疏；同疏，欲栗[21]。

【注释】

〔1〕矢：箭，由镞头、杆、羽、括等部分构成。（图四九）

〔2〕鍭（hóu）矢：箭头较重，宜于近射，力锐中深，杀伤力较大。《周礼·夏官·司弓矢》定为用于近射、田猎之箭。

〔3〕茀（bó）矢：箭前部较田矢为轻，用途与其相似，也是用于弋射之箭。郑玄据《周礼·夏官·司弓矢》关于八矢（枉矢、絜〔xié〕矢、杀矢、鍭矢、矰矢、茀矢、恒矢、庳矢）的记载，认为"茀矢"系"杀矢"之误。

〔4〕兵矢：一般以为即枉矢、絜矢，利火射，用于守城、车战。田矢：用于打猎弋射的箭，郑玄以为即矰矢，一种用丝绳系于箭末以便于弋射飞鸟的箭。

〔5〕杀矢：杀矢的箭头较重而尖锐，杀伤力较大，用途与镞矢相似。郑玄据《周礼·夏官·司弓矢》关于八矢的记载，认为"杀矢"系"茀矢"之误。

〔6〕杀：减杀，削减。《四部备要》本作"𢾭（shài）"。黄焯《经典释文汇校》以为"𢾭"即籀文"杀"之隶变。

〔7〕筍厚：箭杆的厚度。筍，箭杆。《周礼汉读考》以为"筍"当作"笴"，下文"凡相笴"同。 羽深：箭羽进入箭杆的深度。

〔8〕水之，以辨其阴阳：辨，原作"辩"，今据《四部备要》等本改。竹材向日部分为阳，背日部分为阴，阳偏坚重，阴偏疏轻；浮于水，阴面在上，阳面在下。郑玄注："阴沉而阳浮。"不妥。

〔9〕比：箭括，箭杆末端的凹槽，供扣弦之用。

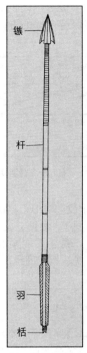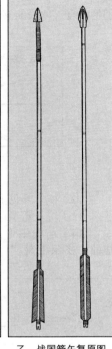

甲　箭各部分名称图　　乙　战国箭矢复原图（长约70厘米。左：以铤装箭杆；右：以筒装箭杆）

图四九　箭矢部位名称及复原图

〔10〕刃：箭镞。迄今为止，我国发现的最早的箭镞是1963年山西朔县峙峪旧石器时代晚期遗址中出土的一件燧石箭镞，距今约三万年。商代大量使用有脊双翼式青铜箭镞。发展至战国时期，镞的形式种类繁多，铤部趋长。式样以双翼、三棱形的为主，有些还有倒刺。

〔11〕则虽有疾风，亦弗之能惮矣：风对箭行方向是一种干扰因素，箭羽大小适当、装置得法的箭是一个简单的有负反馈的稳定控制系统。垂直的箭羽有横向稳定的作用：当箭飞速前进时，如因侧风干扰，使头部偏向左方（或右方）；箭矢由于惯性的作用，仍沿原先的方向前进，于是迎面而来的空气阻力有了垂直于箭羽的分力 F_1，此分力反过来使箭羽向左（或向右），箭镞随之向右（或向左）转，抵消了侧风对方向性的影响

（图五十）。同理，水平设置的箭羽有纵向稳定的作用。垂直箭羽与水平箭羽的配合，使箭能够保持良好的方向性，准确地飞向目标。

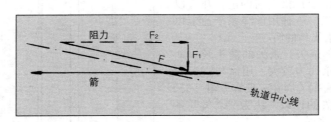

图五十　箭羽横向稳定作用示意图

〔12〕铤：参见上文"冶氏"节注〔1〕。

〔13〕垸：重量单位。参见上文"冶氏"节注〔2〕。

〔14〕前弱则俛：弱，柔弱易桡。《说文·弓部》："弱，桡也，上象桡曲，彡象毛氂。"俛，同"俯"，低头。《唐石经》"俛"作"勉"。《考工记》中箭杆的强弱，与近现代射箭术中 Spine（箭杆桡度）的概念相当。Spine 强的箭杆，表现刚硬，桡度小，在《考工记》中称为箭杆"强"；Spine 弱的箭杆，表现柔韧，桡度大，在《考工记》中称为箭杆"弱"。箭杆的 Spine 与弓的配合十分重要。开弓至满弦，撒放时，箭杆在弓弦的压力下弯曲变形；离弦后，由于箭杆的弹性作用，它将反复拱曲，蛇行式地前进。现代利用高速摄影术已经证实了这种蛇行现象。用 Spine 理论可以完满地解释《考工记》中提到的箭矢飞行轨道的四种异常现象。（图五一）如果箭杆前部偏弱，易于桡曲，撒放时箭杆前部的弯曲较大。撒放离弦后，前部

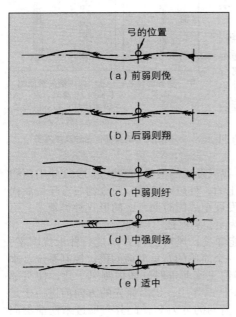

图五一　Spine 对飞行轨道的影响

振动较甚，阻力增大，箭行迟缓，故飞行轨道较正常情况为低。

〔15〕后弱则翔：如果箭杆后弱，则撒放时后部弯曲较大。撒放离弦后，箭杆后部振动较厉害，振动能量的一部分将转化为帮助箭矢前进的动力，前行速度较正常情况为快，故偏离正常的轨道而高翔。

〔16〕中弱则纡（yū）：如果箭杆中弱，在弓弦压力下，箭杆过分弯曲。撒放后，由于箭杆本身的反弹作用强，箭杆将绕过中心线，偏离正常轨道向右侧飞出。纡，屈曲。

〔17〕中强则扬：强，与弱相对，刚强不易桡曲。如果箭杆中强，即中部刚强，不易桡曲，则弓弦受到的压力和随之而来的形变较大。由于它对箭杆的反作用较强，箭矢迅速飞离箭台，向左方倾斜而出。在图五一中还表示出，假如对于给定的弓，箭杆的强度适中，Spine 值恰到好处，箭的飞行轨道就比较理想。（参阅闻人军《〈考工记〉中的流体力学知识》，《自然科学史研究》1984 年第 1 期。）

〔18〕羽丰则迟，羽杀则趮（zào）：迟，迟缓，速度低。趮，郑玄注："趮，旁掉也。"矢行摇晃、偏斜。按空气动力学知识，箭矢所受的摩擦阻力、压差阻力和诱导阻力均与箭羽的大小有关。若箭羽过大，则阻力增加，使飞行速度降低。若箭羽过少或零落不齐，箭的横向或纵向稳定性差，飞行时容易偏斜。

〔19〕桡之，以眡其鸿杀之称也：这是用实验的方法检验箭杆的粗细和强弱程度，与现代测量箭杆 Spine 的方法和原理完全一致。（参阅闻人军《〈考工记〉中的流体力学知识》。）

〔20〕抟（tuán）：圆。

〔21〕栗：学名 Castanea mollissima，落叶乔木，木材坚实，纹细直。《礼记·聘义》说："缜密以栗。"郑玄注："栗，坚貌。"戴震《考工记图》也以为栗是"坚实之色"。

【译文】

矢人制矢。镞矢、杀矢，箭前部的三分之一与后部的三分之二轻重相等；兵矢、田矢，箭前部的五分之二与后部的五分之三轻重相等；茀矢，箭前部的七分之三与后部的七分之四轻重相等。箭杆前部三分之一自后向前逐渐削细，〔至于镞径相齐。〕箭杆后部的五分之一装设箭羽，羽毛进入箭杆的深度与箭杆的厚度相等。将箭杆浮于水面，识别〔上〕阴、〔下〕阳；垂直平分阴、阳面，设置箭括；平分箭括，上下、左右对称设置箭羽；箭镞长度为羽长的三分之一，即使有强风，也不会受到它的影响。杀矢镞长一寸，其周长一寸，铤长一尺，重三垸。如果箭杆前部柔弱，箭行轨道较正常情况为低；如果箭杆后部柔弱，箭行轨道较正常情况为高；如果箭杆中部柔弱，箭行偏侧纡曲；如果箭杆中部刚强，箭将倾斜而出。若箭羽过大，箭行迟缓；若箭羽过少或零落不齐，飞行时容易摇晃偏斜。所以用手指夹住箭杆摆动运行，用以检验箭羽的大小是否适当；桡曲箭杆，用以检验箭杆的粗细强弱是否匀称。凡选择箭杆之材，它的形状要天生浑圆；同是天生浑圆的，以致密较重的为佳；同是致密较重的，以节间长、节目疏少的为佳；同是节间长、节目疏少的，以坚实且颜色如栗的为佳。

二五、陶 人

陶人为甗[1]，实二鬴，厚半寸，唇寸。盆实二鬴[2]，厚半寸，唇寸。甑实二鬴[3]，厚半寸，唇寸，七穿[4]。鬲实五觳[5]，厚半寸，唇寸。庾实二觳[6]，厚半寸，唇寸。

【注释】

〔1〕甗（yán）：有箅（bì）的炊器，以陶或青铜为之。分两层，上若甑（zèng），可以蒸；下若鬲（lì），可以煮，一器而两用。（图五二）

〔2〕盆：盛物之器，也是量器，以陶或青铜制成。（图五三）

〔3〕甑：蒸食炊器，瓦制，底部有许多透蒸汽的小孔，置于鬲或镀（fù）上蒸煮，如同后世的蒸笼。（图五四）

〔4〕穿：小孔。

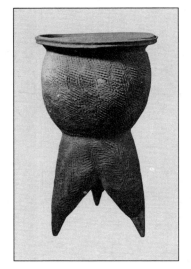

图五二　商陶甗
（通高 40 厘米，1953 年河南郑州出土）

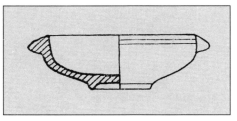

图五三　晋国陶盆
（山西侯马上马村出土）

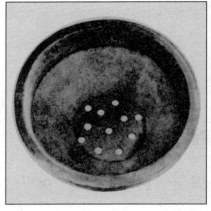

图五四　陶甗
（口径 24.5 厘米，高 10.5 厘米，1975 年湖北
云梦睡虎地出土）

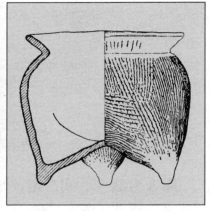

图五五　西周陶鬲
（1967 年陕西长安张家坡出土）

〔5〕鬲：炊器，以陶或青铜制成，外形似鼎但三足空心。（图五五）
觳（hú）：容量单位，也是量器名。郑玄注："豆实三而成觳，则觳受斗
二升。"

〔6〕庾（yǔ）：瓦器名，容量为二斗四升。

【译文】

　　陶人制甗，容积二鬴，壁厚半寸，唇厚一寸。盆的容积为二
鬴，壁厚半寸，唇厚一寸。甑的容积为二鬴，壁厚半寸，唇厚一
寸，底有七个小孔。鬲的容积为五觳，壁厚半寸，唇厚一寸。庾的
容积为二觳，壁厚半寸，唇厚一寸。

二六、旊 人

旊人为簋[1]，实一觳，崇尺，厚半寸，唇寸。豆实
三而成觳[2]，崇尺。凡陶旊之事，髺垦薜暴不入市[3]。
器中膞[4]，豆中县，膞崇四尺，方四寸。

【注释】

　　〔1〕旊（fǎng）人：制陶的两种
工种之一，可能分工制作原始瓷器。
（参阅汪庆正《中国陶瓷史研究中若
干问题的探索》，载《上海博物馆集
刊——建馆三十周年特辑》[总第二
期]，上海古籍出版社，1983年。）
旊，捏塑黏土（陶土、瓷土或高岭
土）烧制成陶器或原始瓷器。我国在
商代（或更早）已经发明釉陶或原始
瓷器，春秋战国之际原始瓷器已比较
普遍。　簋（guǐ）：食器，用陶瓷或
青铜制成，圆口，圈足，用以盛食物。（图五六）

图五六　西周原始瓷簋
（高15.5厘米，1964年河南洛阳
庞家沟出土）

　　〔2〕豆：食器，也是量器，形似高足盘，或有盖。按质地不同，分为
陶豆、原始瓷豆、涂漆木豆和青铜豆。（图五七）

　　〔3〕髺（yuè）垦薜（bì）暴：髺，形体歪斜。垦，顿伤。薜，破裂。
薜，原本误作"薜"，今据《唐石经》等本改。暴，坟起不坚致。

　　〔4〕膞（zhuān）：制陶器（或原始瓷器）时配合旋削的工具。陶
坯在陶钧（转轮）上转动时，树膞其侧，量其高下、厚薄，正其器。孙
诒让《周礼正义》卷八十一认为："膞盖为长方之式，以度器使无邪曲

图五七　西周原始瓷豆
（高 7.6 厘米，1964 年河南洛阳
庞家沟出土）

者。""'髆崇四尺'者，谓尌髆之直度也。云'方四寸'者，髆平方之横径也。"若"厚过四寸"，"则火气不交"。一说译髆"方四寸"为"横截面四寸见方"。（参阅徐正英、常佩雨译注《周礼》，中华书局，2014 年，第 971 页。）若按齐尺，四寸约 8 厘米；若按周尺，四寸超过 9 厘米。髆的边长远超过正常陶器壁厚，有无实用价值成疑。王奇释髆为"其形状为高四尺、截面为一寸见方的长棍"，"制坯时，只需将髆竖立于器物外侧，便可知是否超高；将髆的截面比较器壁，便可知是否超厚，很方便"。（参阅王奇《中国陶瓷实录》，浙江古籍出版社，2017 年，第 86 页。）据文意，崇指高度，方指截面积。古时没有明确的量纲的概念，寸、平方寸、立方寸统称为"寸"。"方四寸"即截面积四平方寸。那么髆为高四尺、横截面二寸见方的木棒。这种解释兼顾记文和实际应用，较为合理，有待考古发现验证。髆，原本误作"膊"，今据《四部备要》等本改。

【译文】

　　旊人制簋，容积一觳，高度为一尺，壁厚半寸，唇厚一寸。豆的容量是觳的三分之一，高度为一尺。凡陶人、旊人所制的器具，形体歪斜、顿伤、破裂、突起不平的都不能进入官市交易。陶器要用髆校正，豆柄要直立中绳。髆的高度为四尺，［横截面］二寸见方。

二七、梓 人

梓人为筍虡[1]。天下之大兽五[2]：脂者[3]，膏者[4]，赢者[5]，羽者[6]，鳞者[7]。宗庙之事，脂者、膏者以为牲。赢者、羽者、鳞者以为筍虡。外骨，内骨，卻行[8]，仄行[9]，连行[10]，纡行，以脰鸣者[11]，以注鸣者[12]，以旁鸣者[13]，以翼鸣者，以股鸣者[14]，以胸鸣者[15]，谓之小虫之属[16]，以为雕琢。厚唇弇口，出目短耳，大胸燿后[17]，大体短脰，若是者谓之赢属。恒有力而不能走，其声大而宏。有力而不能走，则于任重宜；大声而宏[18]，则于钟宜。若是者以为钟虡，是故击其所县而由其虡鸣[19]。锐喙决吻[20]，数目顾脰[21]，小体骞腹[22]，若是者谓之羽属。恒无力而轻，其声清阳而远闻[23]。无力而轻，则于任轻宜；其声清阳而远闻，则于磬宜。若是者以为磬虡，故击其所县而由其虡鸣[24]。小首而长，抟身而鸿[25]，若是者谓之鳞属，以为筍。凡攫閷援簭之类[26]，必深其爪[27]，出其目，作其鳞之而[28]。深其爪，出其目，作其鳞之而，则于眡必拨尔而怒[29]。苟拨尔而怒，则于任重宜，且其匪色必似鸣矣[30]。爪不深，目不出，鳞之而不作，则必颓尔如委

矣〔31〕。苟颓尔如委，则加任焉，则必如将废措〔32〕，其
匪色必似不鸣矣〔33〕。

【注释】

〔1〕筍（sǔn）虡（jù）：古代悬钟、磬等乐器的架子，两旁之立柱为虡，中央的横木为筍。悬钟者叫钟虡，悬磬者叫磬虡。既是实用器，又是造型艺术品。由于筍虡采用多种动物以及人类造型，既涉及古人的生物分类思想，又体现了当时的设计艺术和装饰理论。

〔2〕大兽：《考工记》中列举的五类大兽，均属于现代动物分类学上的脊椎动物。

〔3〕脂者：兽类的一部分。《说文·肉部》释"脂"为"戴角者脂"。脂类可能指有角的家畜和野兽，如牛、羊、麋等。

〔4〕膏者：兽类的一部分。《说文·肉部》说："戴角者脂，无角者膏。"膏类可能指无角的家畜和野兽，如猪、熊等。

图五八　曾侯乙墓钟虡铜人
（1978年湖北随县出土）

〔5〕臝（luǒ）者：臝，裸。郑玄注："臝者，谓虎豹貔螭，为兽浅毛者之属。"历来众说不一，纷如聚讼。苟萃华等认为，臝是指裸身的人，臝属指自然界的人类。（参阅苟萃华《"臝"非兽类辨》，《科学史集刊》第五期，科学出版社，1963年4月。）1978年随县曾侯乙墓出土的六具钟虡铜人，证明《考工记》中的"臝属"的确是指人类。（图五八）

〔6〕羽者：鸟类。

〔7〕鳞者：《周礼·地官·大司徒》说："川泽，其动物宜鳞物。"郑玄注："鳞物，鱼龙之属。"其注《考工记·梓人》中的"鳞者"说："鳞，龙蛇之属。"关于鳞属，《考工记·梓人》还有具体描述："小首而长，抟身而鸿，若是者谓之鳞属，以为筍。凡攫

稠援簨之类，必深其爪，出其目，作其鳞之而。"故"梓人"的"鳞属"不是泛指所有有鳞的动物（如鱼类），而是特指龙。

〔8〕卻行：退行，倒退走。卻，通"却"，退。

〔9〕仄行：侧行，横行，侧身走。

〔10〕连行：同类连贯而行。

〔11〕脰（dòu）：颈项。

〔12〕注（zhòu）：通"咮"，鸟嘴。

〔13〕旁：腹侧。

〔14〕股：大腿，后足脚节。

〔15〕胸：《释文》："胸鸣，本亦作骨，又作肎，干本作骨……贾马作胃……沈云作胷，为得亦所未详，聂音胃，刘本作胷，音卤。"

〔16〕小虫：这是以动物的形态结构、行为及发声部位来分类的一群不易考订清楚的小动物。郑玄均有注，但有对有错，难以尽信。现在一般认为"小虫"应当是一些无脊椎动物，亦不尽然。其中以发声部位来分的，应当都是昆虫。郑玄释"外骨"为龟属，"内骨"为鳖属，比较合理。汉代鱼、蛇尚属虫类，如《说文·鱼部》说："鱼，水虫也。""鲮，虫连行纡行者，从鱼，令声。"又《说文·它部》说："它，虫也，从虫而长，象冤曲垂尾形。……蛇，它或从虫。"故郑玄释"连行"为鱼属，"纡行"为蛇属，于理亦通。虽然汉代的动物分类法未必等同于战国初期的动物分类法，但越过汉代的这一认识阶段，直接将《考工记》中的"大兽"和"小虫"这两个名称，与近现代的有脊椎动物和无脊椎动物相对应，是不妥当的。

〔17〕大胸燿（shào）后：意为胸部阔大，后身顾小。燿，顾小。夏纬瑛认为：赢者应为人属，以金人作虡，并推测：胸部阔大，其中当空。现已为随县曾侯乙墓出土的钟虡铜人的超声波检测所证实。（参见华觉明：《双音青铜编钟的研究、复制、仿制和创制》，载张柏春、李成智主编《技术史研究十二讲》，北京理工大学出版社，2006年，第60页。）

〔18〕大声：原本误作"声大"，今据《四部备要》本改。

〔19〕击其所县而由其虡鸣：由，郑众注："由，若也。"从造型艺术的角度考虑，以声音宏大的赢类作钟虡，配合声音宏大的钟，可使装饰所体现的形象之美与乐器演奏所体现的声音之美两相对应，造成"击其所悬而由其虡鸣"的联想。于是，既使雕饰更有生气，又使钟声更加形象化，增加了整个造型艺术作品的感染力。随县曾侯乙墓出土的钟虡铜人是这种美学思想的生动体现。

〔20〕决吻：张口。决，打开。

〔21〕数（cù）目：细目。数，细。 顅（jiān）脰：细长颈。

图五九　曾侯乙墓磬虡羽兽
（1978 年湖北随县出土）

〔22〕骞（qiān）腹：骞腹，腹部不发达。骞，亏损。

〔23〕其声清阳而远闻：清阳，声音清脆。《太平御览》卷五七五引《淮南子》曰："近之则钟音亮，远之则磬音彰。"注："磬，石也，音清明，远闻而彰著。"

〔24〕击其所县而由其虡鸣：以"其声清阳而远闻"的羽类作为磬虡（图五九），配合声音清阳的磬，在造型艺术上与以赢类作钟虡有异曲同工之妙，能使视觉欣赏和听觉欣赏互为补充，增加了整个造型艺术作品的感染力。

〔25〕抟身而鸿：抟，郑玄注："抟，圜也。"鸿，一说释为"佣"（yōng），即"均"；另一说释为大。

〔26〕援簭（shì）：援，援持。簭，即"噬"。

〔27〕深：弯曲，拳曲。辀人节"辀深则折"，义同。

〔28〕作：竖起，振起。　之：与。　而：颊毛。见王引之《经义述闻·周官下》。

〔29〕拨尔而怒：拨，通"发"。《诗·小雅·四月》："冬日烈烈，飘风发发。"郑玄笺："发发，疾貌。"尔，助词。怒，动词。拨尔而怒，勃然发怒（参见闻人军《"拨尔而怒"辨正》，载《考工司南》，第155—156页）。

〔30〕匪：郑玄注："匪，采貌也。"

〔31〕穨（tuí）尔如委：颓废，委靡不振。穨，"颓"的异体字。

〔32〕废措：郑玄注："措，优顿也。"措即废置，引申为委顿，极度困乏。

〔33〕似不：《周礼汉读考》以为"似不"乃"不似"之误。

【译文】

梓人制造筍虡。天下的大兽有五类：脂类，膏类，赢类，羽类，鳞类。宗庙祭祀，用脂类、膏类的兽为牺牲。赢类、羽类、鳞类，用来作为笋或虡的造型。骨在体表的，骨在体内的，可以倒退走的、侧身走的、连贯走的、屈曲走的，用颈项发声的，用嘴发声的，以腹侧发声的，以翅膀发声的，以腿节发声的，以胸部发声的，称为小虫之类，用来作为雕琢装饰的造型。嘴唇厚实，口狭而深，眼珠突出，耳朵短小，前胸阔大，后身顶小，体大颈短，像这样形状的称为赢类。它们常显得威武有力而不能疾走，声音宏大。威武有力而不能疾走，则适宜于负重；声音宏大，则与钟相宜。所以，这类动物作为钟虡的造型，敲击悬钟时，好像钟虡发出声音似的。嘴巴尖锐，口唇张开，眼睛细小，颈项细长，躯体小而腹部不发达，像这样形状的称为羽类。它们常显出轻捷而力气不大的样子，声音清阳而远播。力气不大而轻捷，则适宜于较轻的负载，声音清阳而远播，与磬相宜。所以，这类动物作为磬虡的造型，敲击悬磬时，好像磬虡发出声音来似的。头小而长，身圆而前后均匀，像这样形状的称为鳞类，用作笋的造型。凡扑杀他物，援持啮噬的动物，必定拳曲脚爪，突出眼睛，振起鳞片和颊毛，那么看上去必像勃然发怒的样子。如果勃然发怒，则适宜于荷重，并且它的采貌必像鸣的样子。脚爪不拳曲，眼睛不突出，鳞片和颊毛不振起，那就一定像萎靡不振的样子了。如果萎靡不振加以重任，一定会委顿的，它们的采貌也一定不像是鸣的样子了。

梓人为饮器，勺一升[1]，爵一升[2]，觚三升[3]。献以爵而酬以觚[4]，一献而三酬，则一豆矣[5]。食一豆肉，饮一豆酒，中人之食也。凡试梓饮器，乡衡而实不尽[6]，梓师罪之[7]。

【注释】

〔1〕勺：酒器，以铜，木等为之，一般作短圆筒形，旁有柄，其用途是从盛酒器中取酒，然后再注入饮酒器或温酒器之中。（图六十）

〔2〕爵：饮酒器，形制为圆形或方形，平底或凸底，下有三个高尖足，有鋬（pàn），器口一侧有倾酒的流，另一侧有均衡流的重量的尾，器口上有二柱、一柱或无柱。（图六一）

〔3〕觚（gū）：郑玄注："觚，当为觯（zhì，又 zhī）。"《考工记图》补

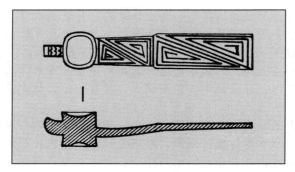

图六十　漆木勺
（1987年湖北荆门包山2号墓出土）

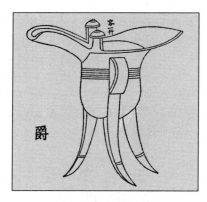

图六一　戴震所拟爵图

注："凡觯，一升曰爵，二升曰觚，三升曰觯（《说文》："觯，礼经觯。"），四升曰角，五升曰散（本《韩诗》说）。"郑、戴以为觚、觯（觯）乃形近之误，言之有理。下同。觯是青铜酒器，形似尊而小，侈口、圈足，用以作饮器。（图六二）觚是喇叭形口、细腰、圈足的青铜饮酒器。（图六三）

〔4〕献以爵而酬以觚：据上注，此句当为"献以爵而酬以觯"。

〔5〕一献而三酬，则一豆矣：对这句话，学术界有两种解释。一说以觯酬三次，"一献而三酬"等于一升加三乘三升，即十升，合一斗，故"豆当为斗"之误。另一说以三升之觯酬一次，"一献而三酬"等于一升加三升，即四升，合一豆，豆字无误。（图六四）后一说较佳，今采用这一说法。

图六二　西周"小臣单"觯
（通高 13.8、口径 9.3—11.6 厘米，
上海博物馆藏）

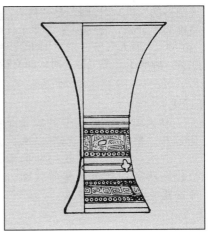

图六三　商代前期铜觚
（河北藁城台西出土）

甲　战国漆木豆
（通高 19.6 厘米，1978 年
湖北随县出土）

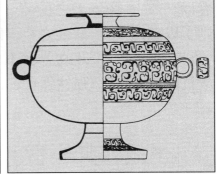

乙　铜豆
（口径 15.5 厘米，通高 18 厘米，
1988 年山西太原金胜村出土）

图六四　木豆和铜豆

〔6〕乡（xiàng）衡：举爵饮酒，爵之二柱向眉。乡，通"向"；衡，眉目之间。　实不尽：所容之酒尚有余沥。

〔7〕梓师：这是检验产品质量的制度，"梓人"是下级工官，负责管

理制器的工匠。"梓师"是"梓人"的上司，属比较高级的工官。倘使产品检验不合格，梓师就要加罪于梓人及其所辖的工匠。这种处罚制度与"轮人"、"庐人"节"谓之国工"、"辀人"节"谓之国辀"等表彰制度的配合，构成了《考工记》时代颇有特色的奖惩制度。

【译文】

　　梓人制作饮器。勺的容量是一升，爵的容量是一升，觯的容量是三升。爵用以献，觯用以酬，献一升而酬三升，加起来就等于一豆了。吃一豆的肉，饮一豆的酒，这是胃口中等的人的食量。凡检验梓人所制的饮器，举爵饮酒，两柱向眉，爵中尚有余沥未尽，梓师就要处罚制器的梓人。

　　梓人为侯[1]，广与崇方[2]；参分其广，而鹄居一焉[3]。上两个[4]，与其身三[5]；下两个[6]，半之。上纲与下纲出舌寻[7]，缜寸焉[8]。张皮侯而栖鹄[9]，则春以功[10]；张五采之侯[11]，则远国属[12]；张兽侯[13]，则王以息燕[14]。祭侯之礼，以酒、脯、醢[15]。其辞曰："惟若宁侯[16]，毋或若女不宁侯[17]，不属于王所[18]，故抗而射女[19]。强饮强食，诒女曾孙诸侯百福[20]。"

【注释】

　　[1] 侯：箭靶，用兽皮、皮革或布制成。（图六五）古时射礼树侯而射，以中与不中比较胜负、选拔人才或作为娱乐。（图六六）

　　[2] 广与崇方：侯身宽与高相等成正方形。

　　[3] 鹄（gǔ）：箭靶中间略呈长方而束腰的部分名"侯中"，鹄在"侯中"的正中，鹄的中心有一个圆圈，叫做"的"，即靶心。（详见闻人军《周代射侯形制新考》，《咸阳师范学院学报》第 36 卷第 2 期，2021 年 3 月。）

　　[4] 上两个：个，亦称为舌，侯上方左、右两旁所张之臂。

　　[5] 身：侯身。

　　[6] 下两个：侯下方左、右两旁之足。

　　[7] 纲：系侯用的绳子。上面的绳子叫上纲，下面的绳子叫下纲。两

侧的上、下纲分别固定于立柱或树上。 出舌寻：比舌（侯上方左、右两旁所张之臂）长出八尺。侯的上两臂和下两足的形状《记》文未明言，证之出土文物，大致呈三角形，可参见图六五。

〔8〕缋（yún）：用以穿绳、固定射侯的圈扣。

〔9〕皮侯：虎、熊、豹皮等所饰之侯。 栖（qī）鹄：贾公彦疏："各以其皮为鹄，缀于中央，似鸟之栖也。"

〔10〕春以功：春行大射，以比较诸侯群臣之功。

〔11〕五采之侯：以朱、白、苍、黄、黑五彩画正及装饰之侯。《周礼·夏官·射人》郑玄注："五采之侯，即五正之侯也。正之言正也，射者内志正，则能中焉。画五正之侯，中朱，次白，次苍，次黄，玄居外。……其外之广，皆居侯中叁分之一，中二尺。"

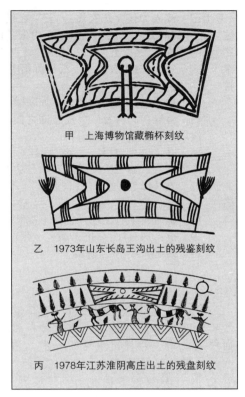

甲　上海博物馆藏椭杯刻纹

乙　1973年山东长岛王沟出土的残鉴刻纹

丙　1978年江苏淮阴高庄出土的残盘刻纹

图六五　东周青铜器上侯的图像

图六六　射侯图
（故宫博物馆藏战国铜壶花纹局部）

《考工记·梓人为侯》郑玄注："五采之侯，谓以五采画正之侯也。……正之方，外如鹄，内二尺。五采者，内朱，白次之，苍次之，黄次之，黑次之。其侯之饰，又以五采画云气焉。"《考工记·画缋之事》说："画缋之事杂五色……青与白相次也……玄与黄相次也。"五采之侯的画法，正是体现这一原则的一个实例。

〔12〕远国属：诸侯朝会，参加联盟。远国，畿外诸侯；属，会。

〔13〕兽侯：画兽及以兽皮装饰之侯。

〔14〕息燕：宴饮，燕射。

〔15〕脯（fǔ）：干肉。 醢（hǎi）：肉酱。

〔16〕宁侯：盟主所奖励的安顺有功德的诸侯。

〔17〕女（rǔ）：通"汝"，你。 不宁侯：盟会上大家共同诅咒的诸侯。

〔18〕王所：王所在地，包括王都和盟会地点。

〔19〕抗：郑玄注："抗，举也，张也。"

〔20〕诒（yí）：传，遗留。

【译文】

梓人制侯。侯身的宽度与高度相等，鹄的宽度为侯身宽度的三分之一。上面两侧所张之臂，与侯身等宽，总宽是侯身的三倍。下面两侧之足，伸展出上臂的一半。两侧的上纲与下纲各比臂足长出八尺，缘的直径是一寸。陈设皮侯，缀鹄于它的中央，春天［行大射礼］，比较诸侯群臣之功。陈设五采之侯，诸侯朝会时行宾射礼。陈设兽侯，王与群臣宴饮时行燕射礼。祭侯的礼，用酒、脯、醢。祭辞说："惟若宁侯，毋或若女不宁侯，不属于王所，故抗而射女。强饮强食，诒女曾孙诸侯百福。"（只以安顺而有功德的诸侯为榜样，切莫迷惑，像你们这些不安顺的诸侯，不朝会于王所居之处，不顺从盟会，所以张举起来用箭射你们。安顺的诸侯们，尽情享用饮食，遗福你们的子孙，世世代代永享诸侯之福。）

二八、庐　人

　　庐人为庐器。戈柲六尺有六寸[1]，殳长寻有四尺，车戟常，酋矛常有四尺，夷矛三寻[2]。凡兵无过三其身。过三其身，弗能用也，而无已，又以害人。故攻国之兵欲短，守国之兵欲长[3]。攻国之人众，行地远，食饮饥，且涉山林之阻，是故兵欲短；守国之人寡，食饮饱，行地不远，且不涉山林之阻，是故兵欲长。凡兵，句兵欲无弹[4]，刺兵欲无蜎[5]，是故句兵椑[6]，刺兵抟[7]。毂兵同强[8]，举围欲细[9]，细则校[10]。刺兵同强，举围欲重[11]，重欲傅人[12]，傅人则密[13]，是故侵之[14]。凡为殳，五分其长，以其一为之被[15]，而围之[16]。叁分其围，去一以为晋围[17]。五分其晋围，去一以为首围[18]。凡为酋矛，叁分其长，二在前，一在后，而围之。五分其围，去一以为晋围。叁分其晋围，去一以为刺围[19]。凡试庐事，置而摇之[20]，以眡其蜎也[21]；灸诸墙[22]，以眡其桡之均也；横而摇之，以眡其劲也[23]。六建既备[24]，车不反覆[25]，谓之国工。

【注释】
　　〔1〕柲：原本误作"秘"，今据《四部备要》本等改。

〔2〕夷矛：夷矛，较长的矛。（图六七）《说文·大部》云："夷，平也。"引申之义为长。

图六七　曾侯乙墓的矛
（1978 年湖北随县出土）

〔3〕攻国之兵欲短，守国之兵欲长：这两句和随后几句从攻守双方的实际情况出发，分析兵器长短的选用原则，符合兵法。《司马法·天子之义》说："长兵以卫，短兵以守。太长则难犯，太短则不及。"则从守卫和防身的角度分析兵器长短之利弊。这些都是实战经验的正确总结。

〔4〕句兵：戈、戟之类可以钩杀的兵器。　弹：郑玄注："故书弹或作但。"《说文·人部》云："僤，疾也，从人单声。"《周礼》曰："句兵欲无僤。"阮元《周礼注疏校勘记》以为"故书作但，今书作僤。……当据《说文》正之。"然郑众注："但读为弹丸之弹，弹，谓掉也。"故"弹"当从故书为"但"。《说文·手部》："掉，摇也。"有转动之意。

〔5〕刺兵：矛等可以刺杀的兵器。　蜎（yuān）：郑玄注："故书……蜎或作绢。"郑众注："绢读为悁邑之悁，悁，谓挠也。"桡曲，弯曲。

〔6〕椑（pí）：郑玄注："椑，隋圜也。"贾公彦疏："云'椑，隋圜'者，谓侧方而去楞是也。"椑，椭圆，扁圆。一说截面为卵圆形。钝的一面代表内的方向，较尖的一面代表援的方向，凭手感就能知道戈援所指，便于钩杀时掌握正确的方向。（参见孙机、杨泓《中国古代的武备上》，《军事史林》2013 年第 6 期）

〔7〕刺：原本作剌，今据《十三经注疏》本改。　抟：郑玄注："抟，圜也。"圆形截面之手柄能使直刺类兵器各向横向约束相同，强度与刚度相等。（参见老亮《中国古代材料力学史》，国防科技大学出版社，1990年，第 145 页。）故不易弯曲。

〔8〕毄（jī）兵：击杀敌人的兵器。毄，即击，撞击。　同强：前后及中央同样坚劲、刚强。

〔9〕举围：柄上手所持之处的周长。

〔10〕校（jiǎo）：通"绞"，疾。

〔11〕重：粗重。

〔12〕傅人：迫近敌军。

〔13〕密：准确命中敌人。郑玄注："密，审也，正也。"

〔14〕侵：侵犯。

〔15〕被：手握持的地方。

〔16〕围之：即圜之，制成圆柱形。

〔17〕晋：即镈（zūn），兵器柄末端如圆锥形的金属套，可以插入地中。

〔18〕首：殳上端。（图六八）

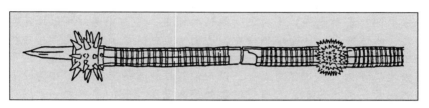

图六八　曾侯乙墓带铜头的殳
（1978 年湖北随县出土）

〔19〕刺围：兵器柄与锋刃相接处之周长。刺，锋刃。

〔20〕置：树立。

〔21〕蜎：挠也。

〔22〕灸：原本作"炙"，现据唐石经、《十三经注疏》等本改。《说文·久部》云："《周礼》曰：'久诸墙，以观其桡。'"阮元《周礼注疏校勘记》以为："故书本作久字，今本作灸，盖从汉儒传读之本耳。……是久为古文灸也。"郑玄注："灸，犹柱也，以柱两墙之间。"支撑在两墙之间。

〔23〕凡试庐事……以眠其劲也：这是测试庐器质量的三种科学方法：树立于地上摇动，为固定一端；撑在两墙之间，为固定两端；横握中部摇动，为固定中点。如今材料力学实验中，测试棒状体的机械性能，也往往用这三种方式。

〔24〕六建：戴震《考工记图》补注："六建，当为五兵与旌旗。"

〔25〕反覆：翻覆，倾动。

【译文】

　　庐人制作庐器。戈柄长六尺六寸，殳长一寻四尺，车戟长一常，酋矛长一常四尺，夷矛长三寻。所有的兵器长度均不宜超过身高的三倍，超过身高的三倍，就不能使用，不仅如此，还会危害执持兵器的人。所以，进攻的一方，兵器要短；防守的一方，兵器要长。攻方的人员较多，行军的路程较远，饮食缺乏，还要跋涉山林险阻，所以兵器要短。守方的人员较少，饮食饱足，行军的路程不远，而且不需跋涉山林险阻，所以兵器要长。凡兵器，钩杀用的兵器，要没有易转动的弊病；刺杀用的兵器，要没有桡曲的弊病；所以钩杀用的兵器之柄的截面是椭圆形的，刺杀用的兵器之柄的截面是圆形的。击杀用的兵器之柄，各部分要同样坚劲刚强，手持之处要稍细；若手持之处稍细，就灵活快疾。刺杀用的兵器之柄，各部分要同样坚劲刚强，手持之处要略为粗重；略为粗重，可以坚牢持之，逼近敌人，从而准确命中，因而重创敌人。凡制作殳，手握持之处离末端为全长的五分之一，该处截面为圆形，以其周长的三分之二作为末端铜鐏的周长，以末端铜鐏周长的五分之四作为殳首的周长。制作酋矛，人所握持之处离末端为全长的三分之一，该处截面为圆形，以其周长的五分之四作为末端铜鐏的周长，以末端铜鐏周长的三分之二作为柄刃相接之处的周长。凡检验长兵器柄的质量，树立于地摇动，看它的桡曲程度；撑在两墙之间，看它的桡曲是否均匀；横握中部摇动，看它的强劲程度。车上的五兵与旌旗都装置妥善，车行时不倾动，称为国家一流的工匠。

二九、匠 人

匠人建国[1]。水地以县[2]，置槷以县[3]，眡以景[4]。为规[5]，识日出之景与日入之景[6]。昼参诸日中之景[7]，夜考之极星[8]，以正朝夕[9]。

【注释】

〔1〕建国：建立都邑。国，都邑。

〔2〕水地以县：水地，以原始的水平仪定地平。县，悬绳，下端悬有重物自由下垂的绳子，其方向垂直于地面。后世称为线坠，现代叫铅垂线和垂球。凡是测景之地和建筑物基址，都要求水平。古人从"水静则平"得到启发，发明了"水地"法。商代已有以水平定地平之法。据温少峰、袁庭栋考证，"癸"在甲骨文中作✕形，象以水测平之水沟体系。"其测平之法为先挖直交之二条干沟成 ✕ 形，再在沟之两端挖直交之小沟，遂成✕形，灌水其中，即可测地面之水平。故癸字本义即为'测度水平'，为'揆'字初义。故《说文》训：'癸，冬时水土平可揆度也，象水从四方流入地中之形。'"（参阅温少峰、袁庭栋《殷墟卜辞研究——科学技术篇》，四川省社会科学院出版社，1983 年，第 25 页。）此外，二十世纪二三十年代殷墟考古的第十三次发掘中，也曾经发现据推测是泥水匠用水测平的干沟和枝沟。（参阅李亚农《殷代社会生活》，载《欣然斋史论集》，上海人民出版社，1962 年，第 548—549 页。）由此可知，商人已掌握以水定地平的原理，但还不能说已有水准仪。《考工记》称"水地以县，置槷以县，眡以景"，说明除校正表杆要用悬绳外，"水地"时也用到悬绳，这就意味着周代的"水地以悬"法比商代的癸形水沟进步，可能是一种原始的水准仪，其制未详。历史上有明确记载的水平仪出现于北魏永兴四年（412），这就是晁崇和斛兰主持制造的"太史候部铁仪"上的"十字水平"。《隋

书·天文志》说：该铁制浑仪"南北柱曲抱双规，东西柱直立，下有十字水平，以植四柱，十字以上，以龟负双规"。故"十字水平"就是底座上的十字形沟，灌上水以后用作底座的水平校正器。《考工记》原始水准仪上承殷商十字水沟之遗制，下开铁制浑仪十字水平仪之先例，很可能也是一种"十字水平仪"。分析至此，再看郑玄对"水地以县"的注释，难点便迎刃而解。郑玄说："于四角立植而县，（中央）以（十字）水（平）望其高下，高下既定，乃为位而平地。"（括号中的字为笔者所加）这大概就是《考工记》原始水准仪的使用方法，北魏铁制浑仪的"十字水平"正是承其遗制改进而成的。

〔3〕槷（niè）：原本作"槷"，今据《唐石经》本改。槷，表，表杆，又称"臬"等，观测日影用的竹木杆（或石柱），一般高八尺。

〔4〕景（yǐng）："影"的本字。

〔5〕为规：画圆。

〔6〕识日出之景与日入之景：观察日影，分别标识出日出和日没时杆影的位置。以表杆为圆心，适当的长度为半径，用圆规画圆，与日出及日没时的杆影相交于两点。这两点的连线，就是东西方向线。东为朝，西为夕，定东西方向线就是"正朝夕"。"正朝夕"也可以引申为定东西、南北方向线。东西方向线的中点与表的连线就是南北方向线。（图六九）

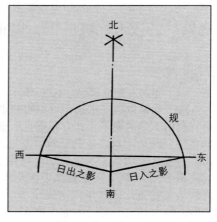

图六九　以槷的日影测定方向示意图

〔7〕昼参诸日中之景：《墨经·经上》说："日中，正南也。"这与《考工记·匠人》利用"日中之景"判定南北方向的思路是一致的。白天正午时的杆影最短，与南北方向线重合，可供判定南北方向时参验考究。

〔8〕极星：北极星，或称北辰，是最靠近天球北极的恒星。天球的北极并不正好与附近的恒星重合，而是在恒星间移动。现在的北极星是小熊座 α 星，距天北极约 1°。（图七十）

〔9〕正朝夕：确定东西方向，引申为确定东西南北的方向。

【译文】

匠人建立都邑。应用悬绳，以水平法定地平，树立表杆，以悬

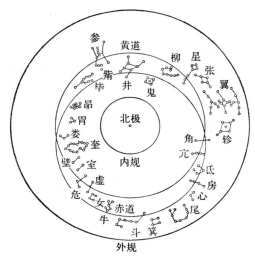

图七十　东汉天文史官所用星图
（据蔡邕《月令章句》推测）

绳校直，观察日影，画圆，分别识记日出与日落时的杆影。白天参验日中时的杆影，夜里考察北极星的方位，用以确定东西［南北］的方向。

匠人营国[1]。方九里，旁三门[2]。国中九经九纬[3]，经涂九轨[4]。左祖右社[5]，面朝后市[6]，市朝一夫[7]。夏后氏世室[8]，堂修二七[9]，广四修一。五室，三四步，四三尺[10]。九阶[11]。四旁、两夹，窗[12]，白盛[13]。门堂三之二，室三之一[14]。殷人重屋[15]，堂修七寻[16]，堂崇三尺，四阿重屋[17]。周人明堂[18]，度九尺之筵[19]，东西九筵，南北七筵，堂崇一筵。五室，凡室二筵。室中度以几[20]，堂上度以筵，宫中度以寻，野度以步，涂度以轨。

【注释】

〔1〕营国：营建都邑，包括测度、建置城池、宫室、宗庙、社稷，并规划国城周围之野。郑玄注："营谓丈尺其大小。"贺业钜认为《考工记》王城规划是井田规划概念派生的产物，其规划方法也借鉴了井田制（图七一）。（参阅贺业钜《考工记营国制度研究》，中国建筑工业出版社，1985年，第42页。）史念海曾将现已发掘、发现的两周时期都城布局，与《考工记·匠人营国》的规划作比较，未发现整体一致的例子，但部分设计尚可相合。如魏国安邑城的宫殿居中，楚国纪南城西城墙的北门有3个门道。（参阅史念海《〈周礼·考工记·匠人营国〉的撰著渊源》，《中国古都研究（第十四辑）——中国古都学会第十四届年会论文集》，1997年。）按此，《考工记·匠人营国》的作者，既继承了周代先王营建都城的经验，又借鉴春秋战国之际诸侯国营建都城的创新，仿照井田制，形成了这一理想的城市规划。《考工记》补入《周礼》后，其规划方法为后世所遵循和

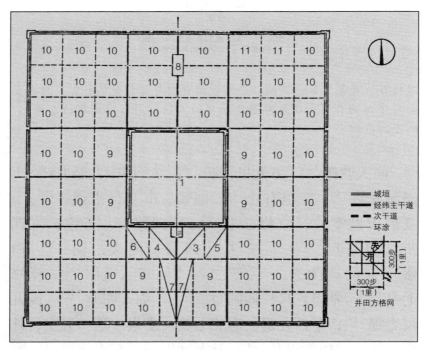

图七一　王城基本规划结构示意图
1—宫城　2—外朝　3—宗庙　4—社稷　5—府库
6—厩　7—官署　8—市　9—国宅　10—闾里　11—仓廪

发展，对历代城市规划产生了深远的影响。有些学者认为《考工记·匠人营国》的规划是按照西汉长安城的布局附会加工而成。（参阅李锋《〈考工记〉成书时期管窥》，《郑州大学学报》1999 年第 2 期。）可备一说。

〔2〕方九里，旁三门：边长九里的方形城制，每边三门，共十二门。

〔3〕九经九纬：传统解释：九经，经九涂，即南北干道三条，每条三涂；九纬，纬九涂，即东西干道三条，每条三涂。涂，道路，容乘车一轨。张蓉认为：《匠人》的 '九经九纬' 应当是独立的道路，它极有可能作为划分 '里坊' 的依据。"（参见张蓉《〈考工记〉营国制度新解——与规划模数相关的内容》，《建筑师》2008 年第 5 期。）可备一说。

〔4〕经涂九轨：南北干道共宽七丈二尺。郑玄注："轨，谓辙广。"二辙之间的宽度为一轨，一轨等于八尺。

〔5〕祖：宗庙。　社：祀土地神之所。

〔6〕朝：贺业钜认为："此 '朝' 字指外朝。"（参见贺业钜《考工记营国制度研究》，中国建筑工业出版社，1985 年，第 24 页。）市：市集。

〔7〕一夫：夫，成年男子。一夫，一个成年男子所受之地，计一百亩，相当于边长为一百步的正方形的面积。

〔8〕世室：郑玄注："世室者，宗庙也。"即帝王的宗庙。杨鸿勋认为"世室"即"太（大）室"，也即"大房间"或"大房子"之意。（参阅杨鸿勋《建筑考古学论文集》，文物出版社，1987 年，第 109 页。）

〔9〕堂修二七：郑玄注："修，南北之深也。"俞樾《群经平议》以为"二"系衍字。

〔10〕五室，三四步，四三尺：四三尺，四个三尺。"四三"原本误作"三四"，今据《四部备要》本等改。三四步，三个四步。五室的布局和大小，历来有不同的推测。以前大多认为中央一室，西南、西北、东南、东北各一室。如郑玄注认为中央一室长四步，宽四步四尺，四角四室长三步，宽三步三尺。这种布局可能是后人依周制而推夏制，未必符合夏制实际情况。对于夏代建筑的布局以及《考工记·匠人营国》夏后氏世室原文的含义，有待于更多的考古发掘资料及进一步的研究探讨。

〔11〕九阶：九座台阶。

〔12〕四旁两夹，窗：此句有不同的断句和解释。历来断为 "四旁两夹窗"，孔广森（1753—1787）《礼学卮言》始读 "四旁两夹" 为句。杨鸿勋认为 "四 '旁'、两 '夹'" 的断句是有道理的，对于夏后氏世室的"堂"、五"室"、四"旁"、两"夹"，结合河南偃师二里头遗址作了试探。（参阅杨鸿勋《初论二里头宫室的复原问题——兼论 "夏后氏世室" 形制》，该文载于杨鸿勋《建筑考古学论文集》，文物出版社，1987 年。）（图七二）

〔13〕白盛：以白色的蜃灰粉刷墙壁，饰成宫室。

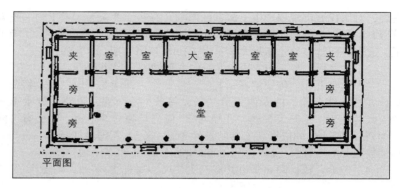

图七二　偃师二里头遗址主体殿堂平面布置复原图

　　〔14〕门堂三之二，室三之一：此句有不同的断句和解释。一般断为"门堂三之二，室三之一"，石璋如认为应断为"门，堂三之二，室三之一"。杨鸿勋认为"堂三之二，室三之一"的断句是有道理的（参阅本节注〔12〕杨文），可备一说。

　　〔15〕重屋：郑玄注："重屋者，王宫正堂若大寝也。"又说："重屋，复笮也。"一般随郑注释为重檐屋。温少峰、袁庭栋认为："'高'，甲骨文作畗，象层屋之形。《说文》：'高，崇也，象台观高之形。'孔广居谓：'高，象楼台层叠形，个象上屋，冂象下屋，口象上下层之户牖也。'（《说文疑疑》）知'高'之本义为层楼……今由卜辞中有关'高作'之载，知殷人确已修建楼房。《考工记》'殷人重屋'之说不误。而过去经学家不敢以'楼房'释'重屋'，而谓'重屋'为'重檐'，则误。"（参阅温少峰、袁庭栋《殷墟卜辞研究——科学技术篇》，四川省社会科学院出版社，1983 年，第 381—382 页。）可备一说。曹春萍认为"重屋"乃为"重室"之意，详见本节注〔17〕。

　　〔16〕修：南北向的长度。

　　〔17〕四阿重屋：一般释为重檐庑殿顶。四阿，郑玄注："四阿若今四柱屋。"一般释为屋顶形式是庑（wǔ）殿，也即四面落水的屋顶。重檐庑殿顶，在商代的甲骨文、周代铜器、汉画象石与明器中均有所反映。1960 年在河南偃师二里头夏商之际的文化遗址中发掘出一座殿堂的基址，夯土台基的中部是一座进深三间、面阔八间、四面出檐的殿堂。（参阅中国科学院考古研究所二里头工作队《河南偃师二里头早商宫殿遗址发掘简报》，《考古》1974 年第 4 期。）屋盖应是四面出檐；至于是否重檐，仅凭遗迹已无法判断。河南安阳殷墟乙二十基址于 1937 年 5 月发掘，原为一长 51 米的大型

殿堂。鉴于东端 20 米尚未发掘，暂仿建西段 31 米，1986 年建成了仿殷大殿。（图七三）重檐庑殿后来成为我国宫殿建筑中最高等级的屋顶型式。曹春萍认为"殷商甲骨文和金文中均无'阿'字，然'亚'字和亚形却很多见"。古今不少学者皆以"亚"字为古代一种特殊礼制建筑之象形。四阿，"乃指其平面形状如四出式的亚字之形，表示的是殷人氏族宗庙的平面结构，是殷人重要礼制建筑所采用的制度。所以，'四阿'、'四亚'互训，并非后世注礼者所说的四注式屋顶。……玄鸟之宫，是殷人的图腾之宫……二室相错之形，故《考工记》中'重屋'乃为重室之意，指亚形的透视之状，是对殷人祖先神宫的形构解释，与'四阿'反映的是同一个概念"。（参阅曹春萍《"四阿重屋"探考》，《华中建筑》1996 年第 1 期。）可备一说。

〔18〕明堂：古代天子宣明政教的地方，凡朝会及祭祀、庆赏、选士、

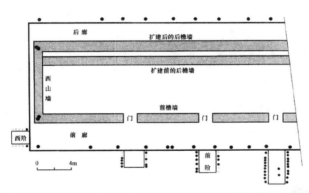

图七三　安阳殷墟乙二十基址平面复原图和仿殷大殿

养老、教学等大典，均在此举行。二十世纪五十年代后在汉长安的南郊发现了十几处礼制建筑的遗址，据考证可能是王莽所建立的九座宗庙及明堂、辟雍建筑。这是《考工记》等三代建筑模式影响下的仿古建筑物（参阅孙大章《中国古代建筑史话》，中国建筑工业出版社，1987年，第40页），但与真正的三代礼制建筑有出入。二十世纪七十年代初山东临淄郎家庄发掘了一座春秋战国之际的齐国殉人墓，出土的一件圆形漆器上描绘有带斗拱的两两相对的房屋四座，每座各三间。曹春萍认为它应是明堂图的一个缩影（参阅本节注〔17〕曹文）。（图七四）

图七四 东周漆器残纹上的明堂复原图

〔19〕筵：铺于下层垫底之竹席。《说文·竹部》说："筵，竹席也。"席的使用在商代以前就已开始。在甲骨文中，席作"[图]"，矩形代表席的外缘，里面的"〜"形可能代表席的织纹。商代早期以蹲踞和箕踞较为普遍，晚商跪坐更为流行。入周以后，席地而坐（跪坐）发展成为"礼"的重要组成部分。（参阅崔咏雪《中国家具史——坐具篇》，台湾明文书局，1986年，第12页。）除了凭几和屏风（扆）、衣架（挥椸）之外，筵席是当时最重要的家具，还是宫室建筑的基本度量单位。筵通常较大，比较粗糙，用它垫底是为了隔离地面的湿气。它可释可卷，坐毕收藏。筵上人所蹈籍之席，往往是较软的草席或薄竹片所编的竹席（簟）。

〔20〕度：量度。　几：凭几，小桌子，设于座侧，以便凭倚；也作度量单位。戴震《考工记图》说："马融以为几长三尺。"随县曾侯乙墓出土的漆几长六十点二厘米，合于三尺之数。（图七五）

图七五 曾侯乙墓漆几
（1978年湖北随县出土，复制品）

【译文】

匠人营建王城。全城九里见方，每一面开设三个城门。王城中主要的道路，南北干道三条，每条三涂；东西干道三条，每条三涂。经纬涂道的宽度等于九轨。王宫的布局，左面是祖庙，右面是社庙，前面是朝廷，后面是市集，市集和外朝的面积各一百步见方。夏后氏的世室，正堂的南北进深二个七步，堂宽是进深的四倍。五室布局，可以概括为三个四步，四个三尺。台阶共九座。四个"旁"室、两个"夹"室也均有窗户，以白灰［粉刷墙壁］饰成［宫室］。门堂的进深占世室的三分之二，室的进深占世室的三分之一。殷人的重屋，堂南北进深七寻，堂基高三尺，重檐庑殿顶。周人的明堂，以长九尺的筵为度量单位，东西宽九筵，南北进深七筵，堂基高一筵。五室，每室长宽各二筵。室内以几为度，堂上以筵为度，宫中以寻为度，野地以步为度，道路以轨为度。

庙门容大扃七个[1]，闱门容小扃叁个[2]，路门不容乘车之五个[3]，应门二彻叁个[4]。内有九室，九嫔居之[5]；外有九室，九卿朝焉[6]。九分其国[7]，以为九分，九卿治之。王宫门阿之制五雉[8]，宫隅之制七雉[9]，城隅之制九雉[10]。经涂九轨，环涂七轨[11]，野涂五轨[12]。门阿之制，以为都城之制[13]；宫隅之制，以为诸侯之城制。环涂以为诸侯经涂，野涂以为都经涂。

【注释】

〔1〕庙门：大庙（宗庙）的门。此处开始描述宫城规划（图七六）。大扃（jiōng）：郑玄注："大扃，牛鼎之扃，长三尺。"扃，贯通鼎上两耳的举鼎横木。

〔2〕闱门：庙中之门。 小扃：长二尺之扃。

〔3〕路门：路寝（正寝）的门，寝宫区的总门。路门外为朝，内为寝宫。

〔4〕应门：正朝（治朝）的朝门，即王宫的正门，南向。

〔5〕九嫔：王宫中佐后治宫中事务的女官，也是帝王的妃子。《礼

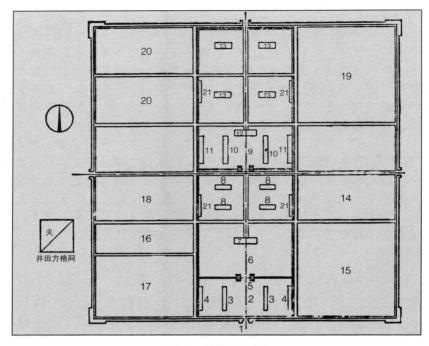

图七六　宫城规划设想图

1—应门　2—治朝　3—九卿九室　4—宫正及宫伯等官舍　5—路门　6—燕朝　7—路寝
8—王燕寝　9—北宫之朝　10—九嫔九室　11—女祝及女史等官舍　12—后正寝　13—后小
寝　14—世子宫　15—王子宫区　16—官舍区　17—府库区　18—膳房区　19—"典妇功"
之属作坊区　20—"内司服""缝人"及"屦人"之属作坊区　21—服饰库

记·昏义》曰："古者天子后立六宫、三夫人、九嫔、二十七世妇、八十一御妻，以听天下之内治，以明章妇顺，故天下内和而家理。"《周礼·天官》设"九嫔"一职，并说："九嫔，掌妇学之法，以教九御妇德、妇言、妇容、妇功，各帅其属而以时御叙于王所。凡祭祀，赞玉齍（zī），赞后荐，彻豆笾。若有宾客，则从后。大丧，帅叙哭者亦如之。"

〔6〕九卿：高级官吏。《礼记·昏义》曰："古者……天子立六官、三公、九卿、二十七大夫、八十一元士，以听天下之外治，以明章天下之男教，故外和而国治。"先秦的九卿分工未详。有人释为少师、少傅、少保、冢宰、司徒、宗伯、司马、司寇、司空。秦朝的九卿为：奉常、郎中令、卫尉、太仆、廷尉、典客、宗正、治栗内史、少府。西汉九卿为：太常、光禄勋、卫尉、太仆、廷尉、大鸿胪、宗正、大司农、少府。

　〔7〕九分：宫城占井字形中间的一分，王城其余部分为宫城周围的八分。

　〔8〕门阿：门的屋脊，意即宫城城门的屋脊标高。　雉：徐光启《考工记解》云："《禽经》曰：'雉上有丈。'故论城之制亦称雉。"雉的飞行高度约有一丈，故长三丈、高一丈的版筑墙为一雉。计算长度时，一雉等于三丈；计算高度时，一雉等于一丈。

　〔9〕宫隅：宫城城墙四角处的小楼。郑玄注："宫隅、城隅，谓角浮思也。""浮思"亦作"罘罳"、"罳思"等。"角浮思"是设在城角上之小楼，上面有孔，形似网，用以守望和射御。

　〔10〕城隅：王城城墙四角处的小楼。

　〔11〕环涂：沿城的环行道。郑玄注："环涂，谓环城之道。"涂，道路。

　〔12〕野涂：城郭外的道路，即王畿内的干道。

　〔13〕都城：宗室和卿大夫的采邑。

【译文】

　　庙门之宽等于七个大扃，闱门之宽等于三个小扃，路门稍狭于五辆乘车并行的宽度，应门相当于三辆车并行的宽度。路门之内有九室，供九嫔居住。路门之外有九室，供九卿处理政事。宫城占王城的九分之一，把国中的职事分为九种，分别使九卿来治理。王宫门阿的规制高度等于五雉，宫隅的规制高度等于七雉，城隅的规制高度等于九雉。经纬涂的道宽九轨，环城之道宽七轨，城郭外的道路宽五轨。王子弟、卿大夫采邑的城隅高度，取王宫的门阿高度（五雉）；诸侯城的城隅高度，取王宫的宫隅高度（七雉）。诸侯的经涂，取环城之道的规制（七轨），王子弟、卿大夫采邑的经涂，取城郭外的道路的规制（五轨）。

　　匠人为沟洫〔1〕。耜广五寸〔2〕，二耜为耦〔3〕。一耦之伐，广尺、深尺，谓之畖〔4〕。田首倍之〔5〕，广二尺，深二尺，谓之遂。九夫为井〔6〕，井间广四尺、深四尺，谓之沟。方十里为成，成间广八尺、深八尺，谓之洫。方百里为同，同间广二寻、深二仞〔7〕，谓之浍〔8〕。专达于川[9]，各载其名。凡天下之地埶[10]，两山之间，必有川焉；大川之上，必有涂焉。凡沟逆地防[11]，谓之不行[12]。水属不理孙[13]，谓之不行。梢沟三十里而广倍[14]。凡行奠水，磬折以叁伍[15]。欲为渊，则句于矩[16]。凡沟必因水埶，防必因地埶[17]。善沟者，水漱之[18]；善防者，水淫之[19]。

【注释】

〔1〕沟洫（xù）：田间水道。

〔2〕耜（sì）：原始农具，以木末为柄，下端加翻土的头。按材质分，有石耜、骨耜、木耜、青铜耜等。（图七七）

〔3〕二耜为耦（ǒu）：耦的含义，注家多有分歧，迄今尚无定论。如有人认为是两人并肩，各执一耜，共发一尺之地；有人认为古代的耜就是犁头，耦耕即一人扶犁，另一人在前面拉犁；有人认为是在耜的柄上系绳，一人把耜推入土中，另一人相向而立，用力拉绳发土；有人认为是一人耕地，一人碎土摩田；等等。李则鸣认为"二耜为耦"是指：下端分歧的末，两歧各加一金属套冠即成耜耦，其宽度为一尺。（参阅李则鸣《耦耕新探》，《中国史研究》1985 年第 1 期。）自成一说，但其确认尚有待于未来考古资料的验证。

图七七　商周铜耜

〔4〕畎（quǎn）：同"畎"，田间小沟。

〔5〕田首：亩田起首端。

〔6〕夫：在井田制中，一百平方步为一亩，一夫受田百亩，故夫又是土地面积单位，百亩为夫。　井：在井田制中，九夫为井。（图七八）又一里等于三百步，故一井为一平方里。

〔7〕仞（rèn）：古长度单位。《说文·人部》说："仞，伸臂一寻，八尺，从人刃声。"在《考工记》中，人的身高八尺，一般伸臂之长与身高相等，亦为八尺，所以一仞为小尺八尺。另有先秦一仞为七尺说，是从大尺七尺约当于小尺八尺而来的一种换算关系，也就是说，一仞亦等于大尺

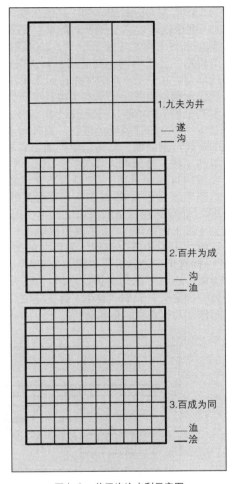

七尺。

〔8〕浍（kuài）：田间排水之渠。

〔9〕川：原本误作"用"，今据《四部备要》本等改。

〔10〕埶：即"势"。

〔11〕地防（lè）：地脉。防，脉理。

〔12〕不行：水不畅流，横逆决溢。

〔13〕属（zhǔ）：注集。郑玄注："属，读为注。"不理孙（xùn）：不顺其理。郑玄注："孙，顺也。"理孙，顺理。

〔14〕梢沟三十里而广倍：梢沟，梢形排水沟，由近及远，随着排水量的增加，逐渐增宽。每隔三十里，宽度增加一倍，则是经验数据。梢，一端较细，另一端较粗的长木。

〔15〕凡行奠（tíng）水，磬折以叁伍：奠水，指停水、止水。这句话较难解释，多有争议。"磬折"是一种得名于磬的顶角的钝角，其定义在下节《考工记·车人之事》中："车人之事。半矩谓之宣，一宣有半谓之欘，一欘有半谓之柯，一柯有半谓之磬折。"折算成现代数学语言，一磬折当今

图七八　井田沟洫水利示意图

151° 52′ 30″。对"磬折以叁伍"的理解，主要分成两大类：一说认为在水平面上呈磬折形。如郑众注："行停水沟，形当如磬，直行三，折行五，以引水疾焉。"郑玄、贾公彦都以为水行欲纡曲。程瑶田的《磬折古义》图解为一条锯齿形的折线状沟。于嘉芳认为"凡行奠水，磬折以叁伍；欲为渊，则句于矩"，"都是指在水平面上水渠应该具有的曲折度"。"'叁伍'即'三五'就是参宿、昴宿。查参宿七星，左侧纵列三星的角度

为 155 度左右，右侧纵列三星的角度为 145 度左右，都与'磬折'的角度 151 度比较接近。"（参阅于嘉芳《"磬折以叁伍"新解——兼论齐国农田灌溉和水利工程》，《管子学刊》2000 年第 2 期）另一说认为在垂直面上呈磬折形。如《中国水利史稿》认为渠道进口处"要做成类似石磬的样子，堰形要有 150° 左右的夹角，而其横段与折段的长度应是三比五"。（参阅武汉水利电力学院、水利水电科学研究院《中国水利史稿》编写组《中国水利史稿》（上册），水利电力出版社，1979 年，第 108 页。）笔者认为这是指一种泄水建筑物的形状。这种泄水建筑物类似于现代的实用剖面堰中的折线形剖面堰，结构简单，施工容易，泄水能力较好，适用于农村小型水利工程（参阅闻人军《〈考工记〉中的流体力学知识》，《自然科学史研究》1984 年第 1 期），现结合下文"匠人"节中"大防外擀"之意，作示意图（图七九）。戴吾三认为"指某种泄水建筑的形状，截面顶角为一磬折"，该磬折由"角的两边之比为三比五"的直角三角形求得。（参阅戴吾三《考工记图说》，山东画报出版社，2003 年，第 84 页。）对"叁伍"的理解，于说和戴说解作"磬折"的另一种定义。然"车人之事"已明言"一柯有半谓之磬折"，"辀人为皋陶"直接称"皋鼓""倨句磬折"；"车人为耒"也有"倨句磬折"之语；"匠人为沟洫"似无必要引出"磬折"的另一种定义。假如"叁伍"除了定义"磬折"外别无含义，也许此句早已写作"凡行奠水，倨句磬折"了。

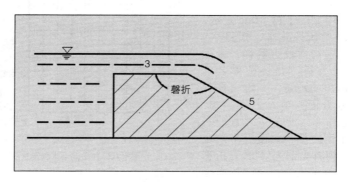

图七九　"磬折以叁伍"式的折线型剖面堰

〔16〕欲为渊，则句于矩：郑玄注："大曲则流转，流转则其下成渊。"虽然符合水力学原理，但无实用。《中国水利史稿》（上册）认为"渊"相当于现代水利渠道中的跌水。（参阅《中国水利史稿》上册，第 108 页。）《汉语大字典》：于："如，好像。"句于矩，即"句如矩"。孙诒让《周礼正

义》指出："上'行潦水'谓道停
水使之行，此'为渊'谓潴行水使
之停，二义相备也。""为渊"当指
跌水入蓄水之渊（水库）（图八十）。
（详见闻人军《〈考工记〉"磬折以
叁伍"和"句于矩"新论》，《中国
训诂学报》第五辑，商务印书馆，
2022年，第31—39页。）

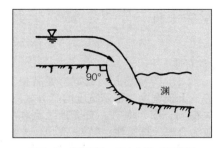

〔17〕防：堤防。

〔18〕漱：为水所冲刷、剥蚀。

图八十　《考工记·匠人》跌水示意图

〔19〕淫：淤积。郑玄注："淫读为廞（qīn），谓水淤泥土留著，助之
为厚。"

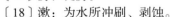

【译文】

匠人修筑沟洫。耜，宽五寸，二耜为耦。用耦掘土作沟，宽一
尺，深一尺，称为畎。亩田起首端的水沟加倍，宽二尺，深二尺，
称为遂。九夫的田为一井，井与井之间的水沟，宽四尺，深四尺，
称为沟。十里见方为一成，成与成之间的水沟，宽八尺，深八尺，
称为洫。百里见方为一同，同与同之间的水沟，宽二寻，深二仞，
称为浍。转流入川，水名分别记识。天下的地势，两山之间，必
定有川；大川之旁，必定有路。若造沟渠违逆地的脉理，水不能畅
流；水的注集不顺其理，水不能畅流。梢沟每隔三十里，下游宽度
比上游增加一倍。凡导泄停水，泄水建筑物截面的顶角取磬
折形，
角的两边之比为三比五。要修跌水，则句曲如直角。凡修筑沟渠一
定要顺水势，修筑堤防一定要顺地势。开沟能手开挖的水沟，会借
助于水流冲刷杂物而保持通畅；筑堤能手修筑的堤防，会靠水中堤
前沉积的淤泥而增加坚厚。

凡为防，广与崇方[1]，其杀叁分去一[2]，大防外
杀[3]。凡沟防，必一日先深之以为式，里为式，然后可以
傅众力[4]。凡任索约，大汲其版[5]，谓之无任[6]。葺屋
三分[7]，瓦屋四分[8]，囷、窌、仓、城[9]，逆墙六分[10]。

堂涂十有二分[11]。窦[12]，其崇三尺。墙厚三尺，崇三之。

【注释】

〔1〕广与崇方：堤宽与堤高相等。以前大多释为堤底之宽与堤高相等，上顶宽度为下基宽度的三分之二。这种堤防过于陡峻，既难施工，又欠稳固。广，堤宽。有堤顶之宽和堤底之宽两说。"广"应指堤顶之宽，较为合理。郑玄注："崇，高也。方犹等也。"

〔2〕杀：郑玄注："杀者，薄其上。" 叁分去一：指堤两面坡度的总和，上顶宽度与下基宽度之比为二比三。

〔3〕大防外杀：根据流体力学原理，水愈深，压强愈大，故较高大的堤防下基承受较大的水压，宜加厚。《考工记·匠人》的堤防设计兼顾了经济效益和水力学原理，是比较科学的。

〔4〕必一日先深之以为式，里为式，然后可以傅众力：这句话主要有两种解释。一是释"式"为参照标准。郑玄注："程人功也。"于是整句话表明，在施工之前，工程负责人要根据对生产率的评估预测，作好总体规划，这是系统工程思想的萌芽。另一说释"式"为断面样板，则全句为：凡修筑沟渠堤防，"必需在开工前先做好断面样板，每隔一里就有一个样板，这样在开工前后，大量的人力就可以同时动手。这既可以保证断面尺寸，提高施工质量，又可以充分使用人力。"（参阅武汉水利电力学院、水利水电科学研究院《中国水利史稿》编写组《中国水利史稿》上册，水利电力出版社，1979年，第113页。）后一说对"必一日先深之以为式"中的"一日"难作合理的解释，故不若前一说为佳。

郑玄注："'里'读为'已'，声之误也。"可备一说。但江永、孙诒让等已证此说之非。傅，通"敷""附"，布陈，施加。傅众力，调配人力施工。

〔5〕凡任索约，大汲其版：此处指夯土版筑，用板束土支撑。古代所谓"版筑"，是以夹板作模，一般用木桩固定筑版，然后置土其中，以杵捣实，分层夯筑。1977年在河南嵩山南麓登封告成王城岗遗址发现了东西骈列的两个小型城堡的夯土墙基。据夯层中出土的木炭测定其年代距今4010±85年（树轮较正为4415±140年），约当或稍早于夏朝开国的年代。（参阅文物编辑委员会编《文物考古工作三十年》，文物出版社，1979年，第274页。）河南偃师二里头遗址的上层曾发现了一处规模宏大的宫殿建筑基址，这是一个大型夯土台基（参阅中国科学院考古研究所二里头工作队《河南偃师二里头早商宫殿遗址发掘简报》，《考古》1974年第4期）。夯土的出现是我国古代建筑技术的一件大事。1955年以来河南郑州发现的

商代前期城墙遗址，周长达 6960 米，全用夯土分层版筑而成，夯层薄，夯窝密，质地相当坚硬。（参阅河南省博物馆等《郑州商代城遗址发掘报告》，《文物资料丛刊》，文物出版社，1977 年。）借助于夯土技术，古人就可利用经济而便利的黏土（或灰土）来做房屋的台基和墙身。在春秋战国时期，夯土技术继续广泛应用于筑城和堤坝工程。《考工记·匠人》中的版筑夯土技术，正是砖墙出现以前长期夯土技术的经验总结。任，训为持，即承担、负载、承受（参见汪少华《〈考工记〉的两处断句》，《古籍研究》1998 年第 1 期）。索，绳索。《诗·大雅·绵》云："俾立室家，其绳则直，缩版以载，作庙翼翼。"与《考工记·匠人》的记载可相互参证。（图八一）郑玄注："故书'汲'作'没'，杜子春云：'当为汲。'玄谓约，缩也。汲，引也。筑防若墙者，以绳缩其版。大引之，言版桡也。版桡，筑之则鼓，土不坚矣。"历来解释《考工记·匠人》"凡任索约，大汲其版，谓之无任"基本上是和《诗·大雅·绵》及郑玄之注相互参注。"任索约"包含了"其绳则直，缩版以载"的内容。即是用绳索校直、绑扎约束固定筑版和木桩。缩版，有的注《诗经》的学者释为"直版"（参阅程俊英译注《诗经译注》（图文本），上海古籍出版社，2006 年，第 377 页）。可备一说。图八一甲版筑图采自清人摹绘"元人写本题影宋钞《绘图尔雅》……其图则宋元人所绘，甚精致，疑必有所本。即非郭氏之旧，或亦江灌所为也"（参阅晋郭璞撰、清孙星衍校、姚之麟摹绘《尔雅音图》嘉庆六年（1801）曾燠叙，台湾广文书局，1981 年），图中可见用绳约束之大版（筑墙版）。如"缩版"得法，松紧合适，适于支撑、承压。"缩版"不得法，比如"大汲其版"，即绑扎约束筑版过紧或受力不匀，致使模型板变形或受损，就不能胜任支撑、承压的功能。由于后世木工技术的进步，撑在端面的大版比《考工记》时代有了改进。版筑又称筑土墙、夯土墙或桩土墙。据王其亨先生惠告，夯土墙技术的最早揭橥者是中国营造学社的刘致平先生，相关成果1944 年 10 月首发于《中国营造学社汇刊》七卷一期。图八一乙显示近代西南一带所用的桩土墙版。（参阅刘致平《中国建筑类型及结构》新一版，中国建筑工业出版社，1987 年，第 98—100、354 页。）

　　〔6〕无任：不能胜任支撑、承压的功能。

　　〔7〕葺（qì）屋：茅屋，以茅草为顶。

　　〔8〕瓦屋：以陶瓦为顶。1976 年，在陕西岐山、扶风两县的周原一带发现了两处西周建筑遗址。岐山县京当乡凤雏村发现了一组大型的西周建筑基地，时代可能属西周早中期，使用的下限在西周晚期。在房屋的堆积中发现了少量的瓦，瓦型较大，可能仅用于茅草屋顶的脊部与天沟。时代稍晚的扶风县法门乡召陈村的西周建筑基址群，则发现很多各种型式的板瓦和筒瓦，均有瓦钉，其中还有半瓦当、背饰龋龊纹的中、小型筒瓦等

甲　版筑图
（《尔雅音图》"大版谓之业"图谱）

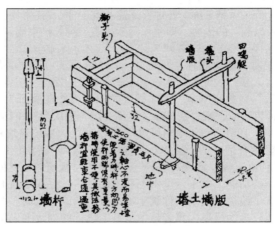

乙　近代西南一带所用的桩土墙版

图八一　版筑图

（参阅杨鸿勋《西周岐邑建筑遗址初步考察》、陕西周原考古队《扶风召陈西周建筑群基址发掘简报》，均载《文物》1981 年第 3 期）。周原考古队推测，瓦的发明可能是在西周初期或稍早。西周中期正是瓦的发展时期。春秋时代，瓦逐渐普遍。至战国时代，瓦的型式更加丰富，纹饰更为精美。《考工记·匠人》在此对草顶和瓦顶屋面分别规定了不同的坡度，说明屋架的高度（后世称为"举"）已随建筑的进深和屋面的材料而定（图八二），后世的举架（宋称举折）制度即发端于此。

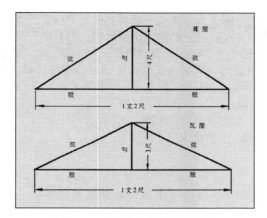

图八二 屋架高度与进深关系示意图

〔9〕囷（qūn）：圆仓。（图八三）我国至迟在商代已用仓廪储存谷物。后来圆形的称"囷"，方形的称"仓"。 窌（jiào）：地窖。

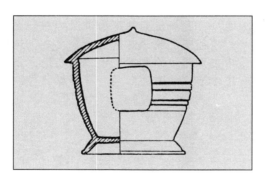

图八三 陶囷明器
（通高 19.5、腹最大径 17.4 厘米，
1977 年陕西凤翔高庄秦墓出土）

〔10〕逆墙六分：截面呈梯形之墙，下大上小，有收分。郑玄注："逆犹却也。……六分其高，却一分以为辅。"学者对《考工记》原文及郑注有不同的理解。孙诒让《周礼正义》说："逆墙，六分城高，以一分为之。假令城高九雉，则以上一丈五尺却为逆墙。囷、窌、仓逆墙放（仿）此。"意即上端六分之一部分筑成逆墙。但依郑注本义，则应释为顶部宽度收杀

墙高的六分之一。宋《营造法式·壕寨制度》中规定了夯土墙之制："每墙厚三尺，则高九尺；其上斜收，比厚减半。若高增三尺，则厚加一尺，减亦如之。"今据《考工记》下文"墙厚三尺，崇三之"推算，按《营造法式》规定，顶宽为一尺半。依笔者对郑注的理解计算，顶宽也是一尺半。两者收分相同。可见《营造法式》继承了《考工记》的墙制，而孙诒让的理解亦可备一说。

〔11〕堂涂：堂下东西阶前之路。

〔12〕窦（dòu）：宫中水道，阴沟。

【译文】

凡修筑堤防，上顶的宽度与堤防的高度相等，上顶宽度与下基宽度之比为二比三。较高大的堤防外侧下基须加厚〔，坡度还要平缓〕。凡修筑沟渠堤防，一定要先以匠人一天修筑的进度作为参照标准，又以完成一里工程所需的匠人及日数来估算整个工程所需的人工，然后才可以调配人力〔实施工程计划〕。版筑〔墙壁与堤防〕时，用绳索校直、绑扎筑版和木桩；如绑扎筑版过紧或受力不匀，致使模型板变形或受损，就不能胜任支撑承压的功能。茅屋屋架高度为进深的三分之一，瓦屋屋架高度为进深的四分之一。圆仓、地窖、方仓和城墙，顶部宽度收杀高度的六分之一，筑成逆墙。堂下阶前之路，以路中央至路边的宽度的十二分之一，作为路中央高出路边的高度。宫中水道，截面高三尺。宫墙厚三尺，高度为墙厚的三倍。

三十、车 人

车人之事。半矩谓之宣^[1]，一宣有半谓之欘^[2]，一欘有半谓之柯^[3]，一柯有半谓之磬折^[4]。

车人为耒^[5]。庛长尺有一寸^[6]，中直者三尺有三寸，上句者二尺有二寸。自其庛，缘其外，以至于首，以弦其内，六尺有六寸^[7]，与步相中也^[8]。坚地欲直庛，柔地欲句庛，直庛则利推，句庛则利发。倨句磬折^[9]，谓之中地^[10]。

【注释】
〔1〕宣：工匠量直角的曲尺叫做矩，因此矩也用作角度单位，合今90°。它的一半叫做"宣"，也是角度单位，合今45°。
〔2〕欘（zhú）：《说文·木部》说："欘，斫也，齐谓之镃錤（锄）；一曰斤柄，性自曲者，从木属声。"锄或斤与其柄间成锐角，故欘借用为角度单位。一欘等于一宣半，合今67°30′。
〔3〕柯：《说文·木部》说："柯，斧柄也，从木可声。"柯的本义为斧柄，斧与柄间有钝角者，故柯借用为角度单位。一柯等于一欘半，合今101°15′。
〔4〕磬折：本义为磬的顶角（鼓上边与股上边所夹之角）。春秋后期以前，编磬尚未定型。至春秋末期，逐渐趋向于规范化，磬的顶角约为一百五十余度，故定为角度单位。一磬折等于一柯半，合今151°52′30″。矩、宣、欘、柯、磬折作为当时工程上实用的一套角度定义（图八四），它的形成约在春秋末期。至战国时期，磬折等角度定义

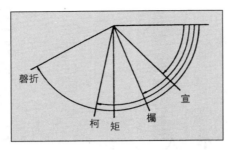

图八四　矩、宣、櫑、柯、磬折示意图

曾广泛流传，在早期的工程技术中起过不少作用。如《考工记》的韗人制鼓、车人制耒、匠人为沟洫都用到磬折概念。战国前期，曾、楚、魏等地磬折型编磬与焉出现，其顶角一般在150°左右。如春秋晚期的河南淅川下寺一号墓1978年出土编磬13具，其倨句最大值为158度，最小值为150度，多数在151—153度之间，平均值为153度。（参阅《考古》1981年第2期。）战国早期的山西太原金胜村673号墓1995年出土编磬10具，其倨句平均值约为151度。（参阅《中国音乐文物大系（山西卷）》，2000年。）均可视为典型的磬折型编磬。另一方面，一类倨句在135度左右的编磬被《考工记》明文记载或规定。随着《考工记》的流传，齐、魏、韩等国的磬匠按"磬氏"的规定制磬，产生了大批"倨句一矩有半"型编磬，而磬折型编磬渐被淘汰，至战国中期几乎绝迹。然而，磬折的概念仍有较强的生命力，后世诗文和数学著作屡有著录。矩的概念始终长盛不衰，后来纳入了近代数学的轨道。至于宣、櫑、柯等角度概念，则逐渐湮没，以至郑玄注《周礼》时已不明其义，误以为长度单位。清儒程瑶田作《考工创物小记》，发掘出这套几何角度定义，贡献很大。但他缺乏考古资料，无法解释"车人"节的磬折与"磬氏"节的"倨句一矩有半"为何不同，不得已将"一柯有半谓之磬折"误改为"一矩有半谓之磬折"。关于磬折的起源与演变的考证，详见拙文《"磬折"的起源与演变》（《杭州大学学报（自然科学版）》1986年第2期）、《"磬折"的起源和演变》（增补重印）及《再论"磬折"》（载《考工司南》，第108—132页）。

〔5〕耒（lěi）：原始的掘土农具，起初用树枝或树杈做成，后来发展为比较规范的木耒。（图八五）

〔6〕疵（cì）：耒木下端的头部，有的单齿，有的分杈成两齿（或三齿）。疵原误作"庛"，今据《四部备要》本等改。下同。

〔7〕以弦其内，六尺有六寸：据上文，庛长一尺一寸，中直者三尺三寸，上句者二尺二寸，三者相加，得六尺六寸。一步为六尺。因为与步等长的不是六尺六寸之总长，而是其内之弦，故此处可能错简，原文应为："六尺有六寸，以弦其内"，与步相中也。

〔8〕步：步之长，主要有两说：《考工记》和《司马法》都认为六尺为步。《礼记·王制》则说："古者以周尺八尺为步。"

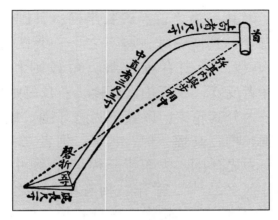

图八五　戴震所拟耒图

〔9〕倨句磬折：一般认为"倨句磬折"是指庇与中间直木之间的夹角为一磬折。李崇州认为庇本身曲折成磬折状（参阅李崇州《试探〈考工记〉中"耒"的形制》，《农业考古》1995 年第 3 期），可备一说。

〔10〕中地：直庇阻力小，下推之力集中，所以容易推进入土。挖掘泥土时，向后下方压耒柄，庇部向前上方起土。向上的分力句庇大于直庇，故句庇有利于挖掘泥土。夹角一磬折是一种经验数据，这种形式的耒的性能介于直庇耒与句庇耒之间，能兼顾各方面的要求，适应性较强。

【译文】

车人的工作。半矩叫做宣，一宣半叫做欘，一欘半叫做柯，一柯半叫做磬折。

车人制耒，庇长一尺一寸，中间直的部分长三尺三寸，上端句曲的部分长二尺二寸。从下面的庇端，循曲折的耒木，到达上端的句首，共长六尺六寸；从庇端到句首的直线距离为六尺，恰好等于一步之数。坚硬的土地要用挺直的庇，柔软的土地要用句曲的庇。直庇的好处是容易推进入土，句庇的好处是便于挖掘泥土。若庇与中间直木的夹角在一磬折左右，那就软硬皆宜，适宜于任何土地了。

车人为车[1]。柯长三尺[2]，博三寸，厚一寸有半。

五分其长，以其一为之首。毂长半柯，其围一柯有半。辐长一柯有半，其博三寸，厚三之一。渠三柯者三〔3〕。行泽者欲短毂，行山者欲长毂。短毂则利，长毂则安〔4〕。行泽者反輮〔5〕，行山者仄輮〔6〕；反輮则易〔7〕，仄輮则完〔8〕。六分其轮崇，以其一为之牙围。柏车毂长一柯〔9〕，其围二柯，其辐一柯，其渠二柯者三。五分其轮崇，以其一为之牙围。大车崇三柯〔10〕，绠寸〔11〕，牝服二柯有叁分柯之二〔12〕，羊车二柯有叁分柯之一〔13〕，柏车二柯。凡为辕，三其轮崇。参分其长，二在前，一在后，以凿其钩〔14〕。彻广六尺〔15〕，鬲长六尺〔16〕。

【注释】

〔1〕车：直辕牛车。车厢平面大致呈方形，载重量较大。

〔2〕柯：伐木斧头之柄，长三尺，此处作为长度单位。

〔3〕毂长半柯……渠三柯者三：此处疑为错简。这段话可能原从"（大车）毂长半柯"开始，跟在"仄輮则完"之后，下接"六分其轮崇，以其一为之牙围"。渠，此处指大车之牙，即轮圈。

〔4〕短毂则利，长毂则安：这些经验总结符合力学原理。车在泥泞的泽地行驶时，车轮与地面间的滚动摩阻较大，采用短毂可以减少轴与轮毂间的接触面和摩擦力，有利于灵活地转动。车在崎岖不平的山地上行驶时，经常颠簸，车厢是通过轴和毂再靠轮子支撑的，长毂的支撑面较大，能增加它的稳定性。

〔5〕反輮（róu）：心材在轮圈外周，边材在轮圈内周。木材各部位的结构和机械性能不一样，心材较重，质地坚硬；边材松软，含水分较多，抗腐蚀性能低于心材。反輮的轮圈，心材在外，表面细腻、光滑，不易为泽泥所黏，且不易腐烂。輮，揉制轮圈。其法是将二或三条直木用火烤，用力揉为弧形，然后拼接成轮圈。輮，亦指轮圈。

〔6〕仄（zè）輮：侧輮，心材和边材同时朝外揉出轮圈。行山之轮圈，接触沙石，对耐磨性要求较高，仄輮可表里相依，刚柔相济，既坚韧，又耐磨。

〔7〕易：表面细腻、光滑。

〔8〕完：坚韧、耐磨。

〔9〕柏车：能行山路的大车，其毂长达三尺。

〔10〕大车：平地载重之车。

〔11〕缏：轮缏。参见上文"轮人为轮"节注〔14〕。

〔12〕牝（pìn）服：历来说法不一。如郑众注："牝服，谓车箱。"许慎《说文·竹部》也谓："箱，大车牝服也，从竹相声。"郑玄注："牝服，长八尺，谓较也。"《辞源》（修订本）说："牝服，古车两壁作木方格称轸，方格上驾木称较，较底凿孔纳方格之条称牝服。"钱宝琮《骈枝集·读考工记六首》以为牝服是驾母牛之车。（参阅钱宝琮《钱宝琮诗词六首》，《中国科技史料》1982年第2期。）今按：《国语·齐语》曰："服牛轺马，以周四方。"韦昭注："服，牛车也。"《考工记·车人》曰："凡为辕，三其轮崇。"文中各车应含轮崇之数。羊车仅一个数据，必指羊车轮崇，则"牝服"句意即"牝服（轮崇）二柯有三分柯之二"。故"牝服"是一种牛车，意谓适合于牝牛之车。它比大车略小，既可驾牡牛，也可用畜力略次的牝牛。（参见闻人军《〈考工记·车人〉"牝服"考释》，《文献语言学》第13辑，2021年。）

〔13〕羊车：羊车是比牝服再小一号的车，较精巧，可乘坐。羊车之义，曾有多种猜测。如郑玄注："郑司农云：羊车，谓车羊门也。玄谓：羊，善也，善车若今定张车。"《释名·释车》说："羊车：羊，祥也；祥，善也；善饰之车，今犊车是也。"钱宝琮《骈枝集·读考工记六首》则认为羊车是驾羊之车。张道一《考工记注译》说："按在山东、江苏徐州和四川出土的汉画像石上，刻有牛车和羊车。"张著并有插图"牛车和羊车（汉代画像石）原石出土于山东省滕县大郭村"。军按原石1964年出土于山东省滕县大郭村，画面分两层，上层为西王母、伏羲、女娲、九尾狐、羽人、玉兔等天界画像，下层有牛、羊车各一乘，车上各乘坐2人。羊车之羊形象夸张、生动。1973年山东苍山元嘉元年画像石墓出土的"軿车羊车圣鸟浮云图"上也有羊车，图上羊车比軿车小一些。而且该墓还出土了328字的题记。题记中明文提到："使坐上，小车軿，驱驰相随到都亭，游徼候见谢自便，后有羊车橡其□。"（参阅朱存明《汉代墓室画像的象征主义研究》，《民族艺术》2003年第1期。）汉代画像石上的马车、牛车、羊车出行图（图八六），既是死者生前活动的某种反映，又象征着死者的灵魂升天的交通工具。这类画像为继续探索《考工记·车人》羊车之义提供了有用的线索。《太平御览》卷七七五引"《释名》曰：'羊车，以羊所驾名车也。'"看来从《考工记》时代到汉代，驾羊之车很可能是有的。后来《晋书·胡贵嫔传》记载晋武帝在宫中乘羊车，那羊车毫无疑问是人世的驾羊之车。

〔14〕凿其钩：江永《周礼疑义举要》卷七云："凿其钩，谓辕当轴处凿

图八六　羊车画像石
（山东济宁城南张汉出行图画像石局部）

半月形以衔轴，轴上亦稍凿之，令其相钩著不脱。"

〔15〕六尺：江永《周礼疑义举要》卷七云："大车之轮，必出于箱外，其间又须有空处容轮转，彻广安能与辀长同数。……彻广'六尺'，当是'八尺'之误。"戴震、郑珍、孙诒让等亦定此彻广"六尺"为"八尺"之讹，详见《周礼正义》卷八十六。

〔16〕辀（è）：车辀（è），辀前端扼牛颈的横木。

【译文】

车人制车，[以柯长为长度的标准，]柯长三尺，宽三寸，厚一寸半。以柯长的五分之一作为斧刃的长度。[大车]毂长半柯，它的周长等于一柯半。辐条长一柯半，其宽三寸，厚一寸。轮牙用三条长三柯的木条糅合而成。行驶于泽地的车，要用短毂；行驶于山地的车，要用长毂。短毂转动利索，长毂比较安稳。行驶于泽地的车子，轮牙要反輮；行驶于山地的车子，轮牙要侧輮。反輮的轮圈比较细腻、光滑，侧輮的轮圈较为坚韧、耐磨。[大车]以轮高的六分之一作为轮牙截面的周长。柏车毂长一柯，毂的周长等于二柯，辐条长一柯，轮牙用三条长二柯的木条揉合而成，以轮高的五分之一作为轮牙截面的周长。大车轮高三柯，轮綆为一寸，[可驾母牛的]牝服[轮高]二又三分之二柯，羊车[轮高]二又三分之一柯，柏车[轮高]二柯。制作车辀，辀长为轮高的三倍，将辀长分为三份，二份在前，一份在后，前后交界处凿衔轴的钩。两轮之间的距离为八尺，车辀长六尺。

三一、弓　人

弓人为弓[1]。取六材必以其时[2]，六材既聚，巧者和之。干也者，以为远也；角也者，以为疾也；筋也者，以为深也；胶也者，以为和也；丝也者，以为固也；漆也者，以为受霜露也。凡取干之道七：柘为上[3]，檍次之[4]，檿桑次之[5]，橘次之，木瓜次之[6]，荆次之[7]，竹为下[8]。凡相干，欲赤黑而阳声，赤黑则乡心，阳声则远根[9]。凡析干，射远者用埶，射深者用直[10]。居干之道[11]，菑栗不迆[12]，则弓不发[13]。凡相角，秋閷者厚，春閷者薄。稚牛之角直而泽[14]，老牛之角紾而昔[15]，疢疾险中[16]，瘠牛之角无泽。角欲青白而丰末。夫角之本，蹙于剀而休于气[17]，是故柔。柔故欲其埶也[18]，白也者，埶之征也。夫角之中，恒当弓之畏[19]，畏也者必桡。桡故欲其坚也，青也者，坚之征也。夫角之末，远于剀而不休于气，是故脆[20]。脆故欲其柔也，丰末也者，柔之征也。角长二尺有五寸，三色不失理[21]，谓之牛戴牛[22]。凡相胶，欲朱色而昔[23]。昔也者，深瑕而泽[24]，紾而抟廉[25]。鹿胶青白，马胶赤白，牛胶火赤，鼠胶黑，鱼胶饵[26]，犀胶黄。凡昵之类不能方[27]。凡相筋，欲小简而长[28]，大结而泽。小简而长，大结而泽，则其为兽必剽[29]，以为弓，则岂异于其兽。筋欲敝之敝[30]，漆欲测[31]，丝欲沉[32]。得此六材之全，然后可以为良。

【注释】

〔1〕弓：我国发明弓箭的历史可以上溯到三万年以前的旧石器时代晚期。至《考工记》时代，制弓技术已相当进步，"弓人"所载的复合弓由多种材料制成。弓身用坚韧的木材（或竹材）和牛角做骨干，木干用一整条，牛角则两段相接。木干揉曲后，弦侧用胶粘上牛角，另一侧用胶粘筋，铺置弓干。两段牛角之间相互咬合，缠筋胶粘。弓外用丝缠绕后，糅漆为防护层。弓弦用蚕丝制成；胡地无蚕丝，则用牛筋丝代替。弓的形制见图八七、八八。

〔2〕取六材必以其时：制弓的六种原材料是：干、角、筋、胶、丝、漆。郑玄注："取干以冬，取角以秋，丝漆以夏，筋胶未闻。"

〔3〕柘（zhè）：木名，桑属。学名 Cudrania tricuspidata。干疏直，材质坚韧，可制良弓。《太平御览》卷九五八引《风俗通》："柘材为弓，弹而放快。"《淮南子·原道训》"乌号之弓"，高诱注："桑柘其材坚劲，乌峙其上，及其将飞，枝必桡下，劲能覆巢……伐其枝以为弓。"

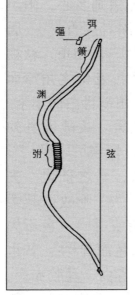

图八七　弓的各部位名称图

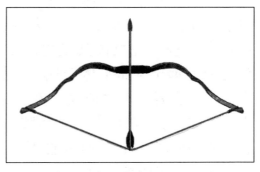

图八八　尼雅式汉弓复原图

〔4〕檍（yì）：木名，一名土橿（jiāng），又名杻。细叶，木材多曲少直，可作弓材。

〔5〕檿桑：檿（yǎn），木名，也称檿桑，即柞树，古称山桑，叶可饲蚕，木质坚韧，可制弓和车辕等。《诗·大雅·皇矣》说："攘之剔之，其檿其柘。"《国语·郑语》说："檿弧（弓）箕服（箙）。"表明檿桑确实用作干材。

〔6〕木瓜：落叶灌木或乔木，也称楙（mào），果实可食用，也是中药。《本草纲目》卷三十引《广志》曰："木瓜枝，一尺有百二十节，可为杖。"

〔7〕荆：《说文·艸部》说："荆，楚木也，从艸，刑声。"荆是灌木，种类较多，有一种牡荆枝茎坚韧，可作棰杖等。

〔8〕竹：《说文·竹部》说："篶，大竹也……篶可为干。"在《考工记》中，竹列为最次的弓材，但采用复合多层的办法，并经过特殊的加工处理，竹材也可制造良弓。当时的楚国就因地制宜，制造过大量竹弓。（参阅杨泓《中国古兵器论丛》增订本，文物出版社，1985年，第203—205页。）

〔9〕赤黑则乡心，阳声则远根：乡，通"向"。木材的边材色淡，材质嫩而松软，水分较多，抗腐蚀性能低于心材，只能作次要用途。弓材要用心材。对于异色心材树木来说，心材的颜色明显浓于边材，往往呈赤黑之色。而且，木材中春秋生长的部分，色淡而组织较粗疏；夏天生长的部分，色浓而组织紧密。所以选择干材要颜色赤黑。又离树根远者，含水分较少，富有弹性，敲击时发出清阳之声。因此，运用观色和听声的方法，可以选取组织紧密、细腻、光滑、富有弹性、水分较少的良材作弓干。

〔10〕射远者用埶，射深者用直：根据现代射箭术的研究，箭的初速、方向性与弓高（弓体中点至弓弦的距离）之间存在着一定的函数关系（图八九），《考工记》关于剖析干材、制作弓体的经验总结，可以用该图作定性解释。如图所示，在一定的范围内，箭行的方向性随弓高的增加而增

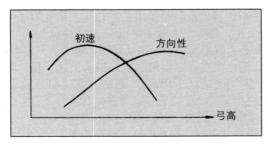

图八九　初速～弓高，方向性～弓高函数关系示意图

加。由于弓体逆木的曲势，薄而弯的弓，弓高值较大，因此箭行的方向性较好，利于射中远处的目标。在此图中，初速有一个极大值，它对应于较小的弓高值，也即弓体厚直的情形。所以，使用弓体厚直强劲的弓，箭的初速较高，动能较大，利于射深。（参阅闻人军《〈考工记〉中的流体力学知识》，《自然科学史研究》1984 年第 1 期。）

〔11〕居：处置，处理。

〔12〕菑（zì）栗：剖分干材。菑，戴震《考工记图》注："菑，析也。"栗，郑玄注："栗，读为'裂繻'之裂。" 不迆：不邪行损伤木理。

〔13〕不发：主要有两说。贾公彦疏："以锯剖析弓干之时，不邪迆失理，则弓后不发伤也。"王引之《经义述闻》："发当读为拨，拨者枉也。"枉即枉戾。不发，不至于枉戾。王说较佳。

〔14〕稚：幼。一作"稺"（zhì），义同"稚"。

〔15〕紾：有两解：紾（zhěn），扭转、弯曲；紾（tiǎn），纹理粗糙。昔：通"错"，干燥粗糙。

〔16〕疢（chèn）疾险中：牛久病则角中汙陷而不实。疢疾，久病；险中，角中陷而不实。

〔17〕蠜（cù）于劀（nǎo）：近于脑。蠜，接近，迫近。劀，同"脑"。 休（xǔ）：通"煦"，温暖，温热。

〔18〕埶：同"势"，自曲。

〔19〕畏：弓隈（wèi），弓末与弓干中央之间的弯曲处。

〔20〕脃（cuì）："脆"的本字。

〔21〕三色：指角的根部白，中段青，尖端丰满。

〔22〕牛戴牛：牛头上长着一对价值与整条牛几乎相等的牛角。郑众注："牛戴牛，角直一牛也。""弓人"在挑选角的时候善于抓住主要矛盾。角的根部较柔软，其白色者有曲势，利于逆角的曲势附弓。角的中段色青者，较为坚韧，利于附贴桡曲的弓隈。角的尖端较脆，其丰满者，相对而言较为柔韧。角长二尺五寸，是制上等弓的最佳长度。因此，符合上述各项要求的一对牛角，其价值与整条牛几乎相等。徐光启《考工记解》曰："牛戴牛，角直一牛，如牛之上戴一牛也。"林卓萍认为："'戴'的常见义是指把东西加在头上或用头顶着。如《列子·黄帝》：'傅翼戴角，分牙布爪，仰飞伏走，谓之禽兽。''戴角'就是说头上顶着角，即头顶上生角。'牛戴牛'的'戴'也是这个用法。"清陈元龙《格致镜原》卷八十六："牛戴牛谓所戴之角又有一牛之直也。"（参阅林卓萍《〈考工记〉弓矢名物考》，杭州师范学院硕士论文，2006 年。）

〔23〕昔：指胶的表观"深瑕而泽，紾而搏廉"，有光泽的胶原纤维交错纠结。

〔24〕瑕（xiá）：裂痕。

〔25〕抟（zhuàn）廉：棱纹成束。抟，卷束；廉，棱角，锋利。

〔26〕饵（ěr）：郑玄注："饵，色如饵。"孙诒让《周礼正义》曰："饵（粉饼）之色盖白而微黄，鱼胶之色似之佳也。"顾莉丹认为此文前后言各类筋之成色，孙说可从。（参见顾莉丹《〈考工记〉兵器疏证》，复旦大学 2011 年博士论文，第 133 页。）

〔27〕昵（zhì）：黏，脂膏。　方：比方，等同。胶是用动物的皮、角、肠或鳔等熬成的黏性物质。动物的胶原组织是以胶原纤维为主的结缔组织，胶原纤维由胶原蛋白组成，遇热膨胀溶化即成动物胶。在胶原组织中，胶原纤维成束状，有的排列整齐致密，有的互相交叉，排列参差。这里所说的相胶法，确是长期实践和仔细观察的经验总结。所举的良胶，均有特征色。其中鱼鳔胶最佳。《天工开物·弧矢》也说："其东海石首鱼……取其脬（pāo）为胶，坚固过于金铁。"

〔28〕小简而长：郑玄注："郑司农云：'简读为"捆然登陴"之捆'。玄谓读如"简札"之简，谓筋条也。'"孙诒让《周礼正义》："筋之小者，欲其成条而长，大者欲其抟结而色有润泽，乃为良也。"顾莉丹认为："筋之小者由筋条析破而成，需长而有劲道；筋之大者即为筋条，需凝聚不松散且有光泽。"（参见顾莉丹《〈考工记〉兵器疏证》，复旦大学 2011 年博士论文，第 134 页。）

〔29〕剽：郑玄注："剽，疾也。"

〔30〕敝之敝：《天工开物·弧矢》说："凡牛脊梁每只生筋一方条，约重三十两。杀取晒干，复浸水中，析破如苎麻丝。……以之铺护弓干。"筋要析破成丝再用，筋丝要长而强劲，筋束要滋而润泽。对于弓的强弱，筋起着极重要的作用。《梦溪笔谈》卷十八说："弓有六善：一者往体少而劲……凡弓往体少则易张而寿，但患其不劲；欲其劲者，妙在治筋。凡筋生长一尺，干则减半，以胶汤濡而梳之，复长一尺，然后用，则筋力已尽，无复伸弛。"意思也是治筋要充分劳敝，解除筋中原有的不利的"筋力"，避免不必要的伸缩。这是制造劲弓的关键之一。

〔31〕测：漆清见底。漆清净，则漆者"洁而无蓓蕾细粒之痕"（《与古斋琴谱》，转引自王世襄《髹饰录解说》，1983 年，文物出版社，第 50 页）。后世以夏布裹漆，在绞漆架上绞滤数次，使漆清净。先秦的滤漆工艺未详。

〔32〕沉：如在水中时色，光泽鲜明。

【译文】

　　弓人制弓。采用六种原材料都须适时。六种原材料都已具备，以精巧的技艺来配合制造。弓干，用以使箭射得远；角，用以使箭行进快速；筋，用以使箭射得深；胶，用来作黏合剂；丝，用来缠固弓身；漆，用来抵御霜露。采用干材的来源有七种，最好用柘木，其次用檍木，其次用𣒌桑，其次用橘木，其次用木瓜，其次用荆木，竹为最下等的材料。凡选择干材，要颜色赤黑，敲击时发出清阳之声，颜色赤黑必近于树心，发声清阳必远于树根。凡剖析干材，用作射远的弓，要反顺木的曲势而弯；用作射深的弓，干材要厚直。处理干材的要领：剖分干材不邪行损伤木理，那发弓时就不至于枉曲。凡选择角，秋天宰杀的牛，角厚实；春天宰杀的牛，角单薄。幼牛的角，直而润泽；老牛的角，扭曲粗糙，干燥无泽。牛若久病，角中污陷而不实。瘦瘠的牛，它的角没有光润之气。角的颜色要青白色，角尖要丰满。角的根部，近于脑，受到脑气的温润，所以较为柔软。因为柔软，所以要有曲势。颜色白，就是曲势的征验。角的中段，常附贴于弓隈，弓隈一定是桡曲的。因为桡曲，所以要坚韧。颜色青，就是坚韧的征验。角的尖端，离脑远，没有受到脑气的温润，所以较脆。因为偏脆，所以要柔韧。角尖丰满，就是柔韧的征验。角长二尺五寸，根部色白，中段色青，尖端丰满，符合这样的标准，可以说牛头上长着一对价值与整条牛相等的牛角。凡选择胶，要颜色朱红而交错纠结。交错纠结的，裂痕深，带有光泽，棱纹成束纠错。鹿［角］胶青白色，马胶赤白色，牛胶火赤色，鼠胶黑色，鱼［鳔］胶白而微黄，犀胶黄色。其他的黏合物不能与它们相比。凡选择筋，筋之小者，要求成条而长；筋之大者，要求抟结而色有润泽。筋之小者成条而长；筋之大者抟结而色有润泽，那么这种兽一定行动剽疾，用它的筋来制弓，难道会跟剽疾的兽不同吗？治筋要充分劳敥，无复伸弛，漆要清，丝的颜色要像在水中一样。这六种优良的原材料俱备，然后才可制成优质的弓。

凡为弓，冬析干而春液角[1]，夏治筋，秋合三材，寒奠体[2]，冰析灂[3]。冬析干则易，春液角则合[4]，夏治筋则不烦，秋合三材则合，寒奠体则张不流[5]，冰析灂则审环[6]，春被弦则一年之事[7]。析干必伦[8]，析角无邪，斲目必荼[9]。斲目不荼，则及其大修也[10]，筋代之受病。夫目也者必强，强者在内而摩其筋，夫筋之所由幨[11]，恒由此作[12]，故角三液而干再液[13]。厚其帤则木坚[14]，薄其帤则需[15]，是故厚其液而节其帤。约之[16]，不皆约，疏数必侔[17]。斫挚必中[18]，胶之必均[19]。斫挚不中，胶之不均，则及其大修也，角代之受病。夫怀胶于内而摩其角，夫角之所由挫，恒由此作。凡居角，长者以次需[20]。恒角而短[21]，是谓逆桡[22]，引之则纵[23]，释之则不校[24]。恒角而达，辟如终绁[25]，非弓之利也[26]。今夫茭解中有变焉[27]，故校；于挺臂中有柎焉，故剽[28]。恒角而达，引如终绁，非弓之利。挢干欲孰于火而无赢[29]，挢角欲孰于火而无燂[30]，引筋欲尽而无伤其力，鬻胶欲孰而水火相得[31]，然则居旱亦不动，居湿亦不动。苟有贱工，必因角干之湿以为之柔，善者在外，动者在内。虽善于外，必动于内，虽善亦弗可以为良矣[32]。

【注释】

〔1〕液：有异说。一说据郑众注："液读为醳。"释液为醳治，即绎（yì）治，治理。江永《周礼疑义举要》则云："春液角疑是以火炙角出其液"。另一说据《礼记·月令》孔颖达疏："春时先浸液其角，豫和濡。"释"液"为浸渍。从制弓实践看，治角用微火烤煣，故以前说为佳。

〔2〕寒奠体：寒冬把弓体置于正弓的弓檠（qíng）（弓匣）之内，以定弓体的外桡与内向之形。寒，冬天寒冷之时；奠，定；体，弓体的外桡内向。

〔3〕冰析灂：严冬极寒时张弛弓体，分析弓漆，察看涂漆品质。

〔4〕合："洽"的假借字，意为和柔。

〔5〕张不流：施弓弦时不会变形走样。《说文·弓部》："张，施弓弦

图九十　十九世纪整弓箭图

也。"流，弓体变移走样。

〔6〕审环：审察漆痕是否形成环形。

〔7〕一年之事：为了使弓力不受寒暑燥湿变化的影响，《考工记》在此规定了一系列严格的工序要求，各种工序需选在合适的季节。如"冬析干"，木材所含的水分少，材质滑致，且不易朽蛀。制弓要一环扣一环，周期头尾长达三年。《古列女传·辩通传·晋弓工妻》也说："当平公之时，使其夫为弓，三年乃成。"这种制弓经验被我国古代弓匠继承和发展，流传至今。据 1942 年谭旦冏对成都长兴弓铺的调查，从材料制备到做出成品，一张弓的制作周期是三年，头尾共四年。（参阅谭旦冏《成都弓箭制作调查报告》，《历史语言研究所集刊》第 23 本，1951 年，台北版。）（图九十）

〔8〕伦：郑玄注："顺其理也。"

〔9〕斲（zhuó）目必荼（shū）：削除弓干节目，必须徐缓。斲，"斵"的俗字，斫削。目，弓干节目。荼，通"舒"，舒缓，徐缓。

〔10〕大修：长久。

〔11〕幨（chān）：筋理绝起裂坼。《四部丛刊》本作"幨也"，其他各本无"也"字，此"也"系衍文，今删。

〔12〕由：原本无"由"字，据故宫八行本、唐石经、《十三经注疏》本补。

〔13〕角三液而干再液：木材越干燥，则其制品变性越小，能经久耐用。故在用材前要设法除去水分，一般以达到稍低于当地相对湿度为佳。如任其自然风干，通常要经过数月甚至数年之久。为了缩短风干时间，用火绎治，透干其津液。《考工记·弓人》提出"角三液而干再液"的要求，经过多次处理，减少了角、干日后的变形。

〔14〕帤（rú）：弓干正中的衬木。郑众注："帤谓弓中禈。"《说文·衣部》说："禈，接益也，从衣，卑声。"孙诒让《周礼正义》说："弓中即当挺臂，在两隈之间，于弓干为正中，较之两隈须微强，故于干间别以薄木副益之。贾疏云：造弓之法，弓干虽用整木，仍于干上禈之，仍得调适也。"衬帤的好处是可以微调弓干的强弱。

〔15〕需（ruǎn）：通"软"，柔软，软弱。

〔16〕约之：以丝、胶相次横缠之。

〔17〕疏数（cù）必侔（móu）：疏密一定要均匀。数，密；侔，相等。

〔18〕斫挚必中：削治弓干要精致、周到、均匀。郑玄注："挚之言致也。中犹均也。"

〔19〕胶之必均：《梦溪笔谈》卷十八说："弓有六善：……三者久射力不屈，四者寒暑力一……凡弓初射与天寒，则劲强而难挽；射久天暑则弱而不胜矢，此胶之为病。凡胶欲薄而筋力尽，强弱任筋而不任胶，此所以射久力不屈，寒暑力一也。"因此用胶要匀薄，以粘牢为度。如果用胶不匀，还会擦伤角。

〔20〕次需：到达弯曲的弓隈部位。次，至、及。需，软处，弓之曲处。

〔21〕恒角：角的全长。恒，竟，穷，终。

〔22〕挢：一作"挠"。

〔23〕纵：缓而无力。

〔24〕校：快疾。一作"挍"。"校"、"挍"相同，"挍"系"校"字隶体之变。

〔25〕辟：通"譬"。 终：始终，一直。 绁（xiè）：孙诒让《周礼正义》卷八十六云："以绳缚系弓于檠则曰绁。"绁，为动词，意为缚系。（参阅汪少华《从〈考工记〉看〈汉语大字典〉的释义失误》，《传统文化与现代化》1997年第3期。）檠，弓檠，即弓柲（bì），正弓护弓的弓匣，用竹、木制成，形状如弓，弓不用时缚于弓匣，以防受损。

〔26〕非弓之利也：角的长短要搭配适当。长的放在弓隈处，短的放在萧（弓的末端）部，后者称弭（mǐ），也有骨质的。如果弓隈之角的长度不足，就需"长其萧角，揉曲之以接于隈角，则萧强而隈之力不足以自持，引之，则隈端之角将随萧而起。凡弓隈，句向内为顺，今隈弱为萧强所牵，则句势反趋外，是逆挢也"（孙诒让《周礼正义》卷八十六）。这样，开弓时一定缓而无力，蓄积的能量少、撒放后箭就不能疾飞。如果隈角太长，到达萧头，隈、萧之角相接处势必外移，开弓时隈力与萧相牵而张弛不便，送矢也不快疾，好像把弓囚在弓匣里，无从发挥弓的特殊设计而来的弹力。

〔27〕今夫：发语词。今，假设连词，前事说毕，别说他事时的用语；夫，语中助词，无义。 菱解：弓萧与弓隈之角相接处。郑玄注："菱解，谓接中也。"此部位十分重要，弓的弹性机制，其关键即在这里。上文已说明隈角太短或过长，迫使这一关键部位移动而来的弊端。此处又指出菱解中有"变"，即形变和弹力，所以射出的箭快疾。

〔28〕于挺臂中有柎（fǔ）焉，故剽：挺臂，弓中央人手把持的直臂。柎，挺臂处贴附的骨片。柎的作用，是使复合弓在不改变弓高的情况下，增强其"厚直"之势，提高箭的初速。所以说"于挺臂中有柎焉，故剽"。

〔29〕挢（jiǎo）：同"矫"，用火矫正。实际操作包括矫直和揉曲。赢（yíng）：过度。

〔30〕燀（qián）：烤烂。

〔31〕鬻胶欲孰而水火相得：鬻，原误作"鬻"，今据《释文》、唐石经等改。鬻，古"煮"字。动物胶多由胶原及其部分水解产物所组成，基本上是线型高分子化合物。煮胶时，随着胶汁浓度的增大，对网状结构的形成有利，使胶汁的黏度增大，可以据此判断煮胶火候。北魏贾思勰的《齐民要术·煮胶》说："候皮烂熟，以匕沥汁，看末后一珠，微有黏势，胶便熟矣。为过伤火，令胶焦。"《考工记·弓人》谓："煮胶欲孰而水火相得"，实际上已包含着掌握火候的诀窍，《齐民要术》的记载可视为它的补充说明。（参阅闻人军《说火候》，香港《大公报》"中华文化"第廿九期，1985年9月26日。）

〔32〕虽善亦弗可以为良矣：据上文，角要经过三次绎治，干要经过两次绎治。经过这样的处理，配合其他措施，复合弓才能经受寒暑燥湿的变化，永不变形。假使在角、干的津液尚未透干时就揉曲加工，制成的弓徒有其表，内在质量很差，一经脱水，就要干缩变形。《天工开物·弧矢》也说："凡造弓，初成坯后，安置室中梁阁上，地面勿离火意。促者旬日，多者两月，透干其津液，然后取下磨光，重加筋、胶与漆，则其弓良甚。货弓之家，不能俟日足者，则他日解释之，患因之。"两书所述的制弓工艺不完全一致，但阐述的道理却是一样的。总之，偷工减料是做不出良弓来的，古今皆然。

【译文】

凡制弓，冬天剖析弓干，春天醖治角，夏天治筋，秋天用丝、胶、漆合干、角、筋，寒冬时［把弓体置于弓匣之内］，以定体形。严冬极寒时［张弛弓体］，分析弓漆。冬天剖析弓干，木理自然平滑致密；春天醖治角，自然和柔；夏天治筋，自然不会纠结；秋天合拢三材，自然坚密；寒冬定弓体，张弓时就不会变形走样；严冬极寒时分析弓漆，就可审察漆痕是否形成环形。春天装上弓弦，这样大约一年时间，所制的弓就可用了。剖析弓干，一定要顺木理；剖析牛角，不要歪斜；削除弓干节目，必须舒缓［齐平］。若削除节目时不舒缓［齐平］，那弓使用日久了，筋就要替它承受不良的后果。节目一定比较坚硬，坚硬的节目在里面摩擦筋，筋理绝起裂坼，常常就是这个原因引起的。所以角要醕治三次，而弓干要醕治两次。弓干正中的帮太厚，弓干过于坚硬；帮太薄，弓干就过于软弱。所以要多加醕治，帮的厚薄也要调节适度。弓干与帮相附之处，以丝胶相次横缠环束，其他地方不必都如此缠绕，但缠绕须疏密均匀。削治弓干要精致、周到、均匀，用胶一定要均匀，如果削治弓干不精致、周到、均匀，用胶不均匀，那弓使用日久了，角就要替它承受不良的后果。干、胶在里面摩擦角，角被断折，常常就是这个原因引起的。凡处置角，角的长度要达到弓隈，若角的长度不足，就会反桡，开弓一定缓而无力，放箭就不会疾飞。若角太长到达箫头，犹如始终把弓系在弓匣里一般，[引弦送矢都不利，无从发挥它的威力，]对弓是没有好处的。弓箫与弓隈之角相接处有形变和弹力，所以射出的箭快疾；直臂中有柎，所以射出的箭剽疾。若角太长到达箫头，引弓时犹如始终把弓系在弓匣里一般，[引弦送矢都不利，]对弓是没有好处的。用火矫干要恰到好处，不要太熟；用火矫角要恰到好处，不要烤烂；治筋要引尽筋力，无复伸弛，而不损伤它的弹力；加水煮胶要熟，掌握火候要恰到好处；这样制成的弓，不管是在干燥的地方，还是在潮湿的地方，弓体永不变形。有些马虎草率的贱工，在角和干材尚未干燥的时候，就把它们用火煣曲，外表看上去挺好，内部却存在不安定的因素。外表虽好，里面一定变动桡减，就是再好看也不可能成为良弓了。

凡为弓，方其峻而高其柎[1]，长其畏而薄其敝[2]，宛之无已应[3]。下柎之弓，末应将兴[4]。为柎而发[5]，必动于𥎊[6]，弓而羽𥎊[7]，末应将发。弓有六材焉，维干强之[8]，张如流水[9]。维体防之[10]，引之中叁[11]。维角堂之[12]，欲宛而无负弦[13]；引之如环，释之无失体，如环[14]。材美，工巧，为之时，谓之叁均。角不胜干[15]，干不胜筋，谓之叁均[16]。量其力，有三均[17]。均者三，谓之九和。九和之弓，角与干权[18]，筋三俌〔19〕，胶三锊〔20〕，丝三邸〔21〕，漆三斞〔22〕。上工以有余，下工以不足。为天子之弓，合九而成规〔23〕；为诸侯之弓，合七而成规；大夫之弓，合五而成规；士之弓，合三而成规。弓长六尺有六寸，谓之上制，上士服之〔24〕。弓长六尺有三寸，谓之中制，中士服之。弓长六尺，谓之下制，下士服之。

【注释】

〔1〕方其峻：峻，弓的末梢即箫部架弦弨（kōu）的小桥柱，上有刻槽，形"方"是为了架挂牢固。　高其柎：柎，原作"拊"，今据《十三经注疏》本改。柎的材料不限于骨片，也可以用竹片或木片。1978 年湖北随县曾侯乙墓出土的木弓上，可以见到弓身中部一侧贴附有竹片或木片，此即"柎"。曾侯乙墓出土木弓为弛弓，故"拊"在弓把外侧。施弦后，柎在弓把内侧。（参阅顾莉丹：《考工记兵器疏证》，复旦大学 2011 年博士论文，第 144—145 页。）柎是一种近似于矩形截面的梁，用以增加弓把处的厚度。弓体厚度对弓力的影响远大于其宽度，高即厚。让柎"高"一些是为了提高弓的抗弯曲强度，增强弓力。如果柎低下，则弓力弱，引起接缝松动，角、干枉曲。当然，柎过高也不好。

〔2〕长其畏：隈角要长。畏，弓隈。隈角往往患其不够长，"恒角而短，是谓逆桡，引之则纵，释之则不校"，所以希望隈角要长。当然。隈角过长也不好，"恒角而达，辟如终绁，非弓之利也"。　薄其敝：郑众注："敝，读为'蔽塞'之蔽，谓弓人所握持者。"孙诒让《周礼正义》卷八十六云："以先郑义推之，敝当谓弓把之角在弓里与干相傅者。"敝是角在弓把内侧与干相附的部分，此处除了有干外，还有帮和高的柎等，已甚厚，故薄其敝角以调剂之。

〔3〕宛：屈曲，引申为引弓。　应：应弦，不疲软。

〔4〕末：弓末之箫。　兴：伤动。

〔5〕发：枉曲。孙诒让《周礼正义》卷八六："发亦当读为拨，谓枉戾也。"

〔6〕鬻：隈与柎相接之处。

〔7〕羽鬻：隈与柎的接缝松动而力不相贯。郑玄注："羽，读为扈，扈，缓也。"《说文·彡部》所录"羽""弱"的古体相近，"羽"可能为

"弱"的讹变。

〔8〕维：以，因。

〔9〕张如流水：郑玄注："无难易也。"当指拉弓时拉力的变化而言，拉感"张如流水"。《说文·弓部》："张，施弓弦也。"段玉裁《说文解字注》："敀，各本作施，今正敀，敷也。"《说文·弓部》："引，开弓也。"《说文解字注》："开下曰张也。是门可曰张，弓可曰开，相为转注也。施弦于弓曰张，钩弦使满以竟矢之长亦曰张，是谓之引。"段玉裁指明对弓而言，"张"有两个义项：一为施弦于弓，一为引弓。笔者认为上文"寒奠体则张不流"之"张"是施弦于弓。此处"张如流水"之"张"应释为引弓。施弦于弓要求"张不流"，而不是"张如流水"；引弓要求"张如流水"，而不是"张不流"。记文此处分别用"张"、"引"、"宛"来表示引弓，是修辞技巧。《梦溪笔谈》卷十八说："予伯兄善射，自能为弓。其弓有六善：一者往体少而劲……六者一张便正。弓往体少则易张而寿，但患其不劲；欲其劲者，妙在治筋……弓所以为正者，材也。相材之法视其理，其理不因矫揉而直中绳，则张而不跛。"（引自《元刊梦溪笔谈》，文物出版社，1975年。）《考工记·弓人》提出："析干必伦，析角无邪。"道理相同。也就是说，剖析弓干和牛角都要顺其纹理，不能歪斜。这样才能"张如流水"、"一张便正"。有人只注意到"张"的一个义项，以为上引《梦溪笔谈》"易张而寿"之"张"只能释为披弦。（参阅林卓萍《〈考工记〉弓矢名物考》，杭州师范学院硕士学位论文，2006年。）其实，弓往体少不仅容易披弦，而且易于引弓。一般而言，引弓次数远多于披弦次数，对使用寿命的影响也大。如将"易张而寿"之"张"释为披弦，较勉强，或可备一说。而将"易张而寿"之"张"释为引弓，较为合理。"往体少"之义参见下节注〔7〕。

〔10〕防：防止弓体变形。

〔11〕引之中叁：张弦未拉时，弓高一尺；拉弓满弦时，弦的中点距弓把三尺。

〔12〕赪（chēng）："撑"的本字，支撑。

〔13〕负弦：辟戾，角与弦斜背。负，背。

〔14〕如环：《天工开物·弧矢》说："凡弓两弰系驱处，或切最厚牛皮，或削柔木如小棋子，钉粘角端，名曰垫弦，义同琴轸。放弦归返时，雄力向内，得此而抗止，不然则受损也。"《考工记·弓人》说："维角赪之"，不排除在角端粘有垫弦之类，其好处有二：一是引弓时角与弦不斜背，满弦时形如满月。二是释弦返归时，缓冲放箭回弹力以免伤弓。

〔15〕不胜：相得，相称。

〔16〕叁均：叁者配合均匀。

图九一 试弓定力图

〔17〕量其力，有三均：《天工开物·弧矢》说："凡试弓力，足踏弦就地，秤钩搭挂弓腰，弦满之时，推移秤锤所压，则知多少。"并附"试弓定力"图（图九一）。图中所示与上述文字说明稍有不同，系用重物拉住弓腰，秤钩搭挂弓弦往上拉，弦满之时，推移秤锤称平，就可知道弓力的大小。《考工记》时代已有天平，尚无杆秤。测试弓力时，解开丝弦而别以绳子缓著弓末架弦之处，上面用钩钩住绳弦，下面在弓腰悬挂重物。添加重物，绳弦张得更开。这一过程实际上是一种弹性力学实验。弦满三尺之时，所悬重物的重量就是弓力的大小。所谓"三均"，郑玄注："若干胜一石，加角而胜二石，被筋而胜三石，引之中三尺。假令弓力胜三石，引之中三尺，弛其弦以绳缓擐（huàn）之，每加物一石，则张一尺。"郑玄的分析欠妥。假令弓力三石，引之中三尺；不加重物时，弓高一尺。在理想情况下，加物一石，干弦中点相距一又三分之二尺；加物二石，相距二又三分之一尺；加物三石，正好相距三尺。由于《考工记·弓人》的记载十分简单，当时测试弓力的实验究竟定量化到什么程度，不能贸然下结论。但从"量其力，有三均"的记载来看，当时"量其力"的操作该有三次，作者已认为所得结果有某种可重复操作性。物理学上的胡克定律认为：物体受力时，如其应力在弹性极限范围内，则应力与应变成正比关系。这一定律是英国物理学家胡克于1660年发现并于1676年发表的。弓人的实验比胡克导致这一发现的弹簧试验早二千多年，尽管未及上升为理论成果，依然是十分可贵的。至于郑玄之注，已经比较具体。老亮认为郑玄最早记述了力与变形的正比关系，即发现了弹性定律。（参阅老亮《中国古代材料力学史》，国防科技大学出版社，1991年，第20页。）学术界有不少赞同者，但至今仍有争议。

〔18〕角与干权：角与弓干大致等重。《天工开物》卷十五"弧矢"说："其初造料分两，则上力挽强者，角与竹片削就时，约重七两。"据《中国古代度量衡图集》，明代每两合今三六点四克，七两为二五四点八克，明代弓角和干的重量约当此数，《考工记》时代强弓的角、干之重大

略类此。

〔19〕侔（móu）：衡量名，数值不明。

〔20〕锊（lüè）：郑玄注："锊，锾也。"戴震《考工记图》以为"胶三锊"系"胶三锾"之误。锾重十一又二十五分之十三铢。

〔21〕邸（dǐ）：衡量名，数值不明。

〔22〕斞（yǔ）：量器名。《天工开物·弧矢》说："其初造料分两，则上力挽强者……筋与胶、漆与缠约丝绳，约重八钱。此其大略。中力减十分之一、二，下力减十分二、三也。"中国历史博物馆所藏"斠半斞"战国铜量，容积为五点四毫升，铭文的意思是一又二分之一斞强（参阅国家计量总局等主编《中国古代度量衡量集》，文物出版社，1984年，第57页）。由此推算，每斞约合今三点六毫升弱。

〔23〕合九而成规：按字面为九张弓围起来合成一个正圆形，实指每张弓的弧度是一个圆周的九分之一。郑玄注："材良则句少也。"凡选用的干材越优良，弓的弯曲度越小。天子、诸侯、大夫、士的弓的弧度分别是圆周（弧度为2π）的九、七、五、三分之一。"合九而成规"等系指披弦的弓而言，参见下节注〔7〕。

弓不使用时，如把弦解去，弓体会逐渐反向回曲，不同程度地呈某种圆弧状。释弦之初与经过一段时间后的回曲程度也不同。由于材料和结构的差异，不同的弓之间，同一张弓的不同部位之间，反向回曲的程度也不同。例如：有些弓，如清代的弓，中央的弓把处与弓臂会形成一段较自然的圆弧。有些弓，如尼雅出土的汉弓，由于中央的弓把处加厚等缘故，该处释弦后的形变就不明显。例见《新疆文物》1999年第2期所载1995年新疆尼雅遗址95墓地M4出土的古弓，及前人"弓的各部位名称图"。（闻人军《考工记译注》，上海古籍出版社，1993年版，图31-1。）

〔24〕上士：身材高大的士。郑玄注："人各以其形貌大小服此弓。"下文的"中士"指中等身材的士，"下士"指身材较矮的士。

【译文】

凡制弓，弓两端架弦的峻要方，弓中的柎要高，隈角要长，敠角要薄，这样，虽然多次引弓，[弓势与弓弦]必定缓急相应[，不至于疲软无力]。柎太低下的弓，[柎力弱，]箫若应弦，柎将伤动。若柎枉曲，引弓时隈与柎相接之处必会伤动，隈与柎的接缝松动，弓力不能相贯，箫若应弦，角与弓干都会枉曲。弓有六材，唯以干为坚强者，[弓干良好的话，]张弓顺如流水。[平时放在弓匣里，]以防止弓体变形；引弓满弦的时候，弦中点至弓把恰好三尺。用角撑距增加力量，旨在引弓时角与弦不斜背；所以开弓拉满时如环形，释弦时，也不会使弓体变形，仍如环形。材料优良，技艺精巧，制作适时，称为叁均。角与干相称，干与筋相称，称为叁均。垂重测试弓力，又有三均。三个三均，称为九和。九和的弓，角与弓干大致等重，用筋三侔，用胶三锊，用丝三邸，用漆三斞，上等工匠稍有剩余，下等工匠略嫌不够。制作天子的弓，九只弓恰好围成一个正圆形，即每张弓的弧度是一个圆周的九分之一。制作诸侯的弓，七只弓恰好围成一个正圆形，即每张弓的弧度是一个圆周的七分之一。大夫的弓，五只弓恰好围成一个正圆形，即每张弓的弧度是一个圆周的五分之一；士的弓，三只弓恰好围成一个正圆形，即每张弓的弧度是一个圆周的三分之一。弓长六尺六寸，称为上制，由上士备用；弓长六尺三寸，称为中制，由中士备用；弓长六尺，称为下制，由下士备用。

凡为弓，各因其君之躬志虑血气[1]。丰肉而短，宽缓以荼[2]，若是者为之危弓[3]，危弓为之安矢。骨直以立[4]，忿埶以奔[5]，若是者为之安弓，安弓为之危矢。其人安，其弓安，其矢安，则莫能以速中，且不深。其人危，其弓危，其矢危，则莫能以愿中[6]。往体多，来体寡，谓之夹臾之属，利射侯与弋。往体寡，来体多，谓之王弓之属，利射革与质[7]。往体、来体若一，谓之唐弓之属[8]，利射深。大和无灂[9]，其次筋角皆有灂而深，其次有灂而疏[10]，其次角无灂[11]。合灂若背手文[12]。角环灂，牛筋蕡灂，麋筋斥蠖灂[13]。和弓毄摩[14]。覆之而角至[15]，谓之句弓[16]。覆之而干至，谓之侯弓[17]。覆之而筋至，谓之深弓[18]。

【注释】
〔1〕躬：身体，体形。 志虑：主观的精神因素。 血气：体质的

血性。

〔2〕荼（shū）：古"舒"字，缓。

〔3〕危弓：急疾的弓。郑玄注："危，奔，犹疾也。"

〔4〕骨直以立：刚强，果毅。骨直，骨干挺直。

〔5〕忿（fèn）埶：火气大。

〔6〕其人安……则莫能以愿中：郑玄注："愿，悫（què）也。"朴实，谨慎。用现代的语言来说，在这段话中，《考工记》的作者从运动心理学的角度探讨了人、弓、矢、的四者组成的系统中，前三者的最优和最劣搭配方式。人、弓、矢的组合共有八种方式。"人安"者，用"危弓"和"安矢"；"人危"者，用"安弓"和"危矢"，这两种是最佳搭配，因为三个因素可以相互补偿。"其人安，其弓安，其矢安"和"其人危，其弓危，其矢危"是最劣搭配。在这两种情况下，箭的 Spine 都不易与弓的特性协调一致。人若宽缓舒迟，再用软弓，柔缓的箭，箭行的初速必定小，箭行迟缓，不易命中目标；由于动能小，即使射中了也无力深入。反之，强毅果敢的射手，用强劲的弓和剽疾的箭，箭的蛇行距离势必过长，甚至到达目的地犹未恢复常态，当然也不能稳稳地准确地中的。这些经验对于现代射箭运动的心理素质训练和弓矢选择，仍有相当的参考价值。（参阅闻人军《〈考工记〉中的流体力学知识》，《自然科学史研究》1984 年第 1 期。）

〔7〕往体寡……利射革与质：对《考工记·弓人》"往体"与"来体"的理解，学界尚有分歧。郑玄之注未见明确定义。贾公彦疏："若王弧之弓，往体寡，来体多，弛之乃有五寸，张之一尺五寸。夹、庾之弓，往体多，来体寡者，弛之一尺五寸，张之得五寸。唐弓、大弓，往来体若一者，弛之一尺，张之亦一尺。"按此，贾公彦认为往体指弛弦之形，来体指张弦之形。林希逸《考工记解》曰："往者弛也"，"来者张也"，采用贾公彦之说，且加以明确定义。孙诒让《周礼正义》卷八十六说："往体，谓弓体外挠；来体，谓弓体内向。凡弓必兼往来两体，而后有张弛之用，但以往来之多少为强弱之差。"孙诒让似亦倾向于往来两体指弛张之形。林卓萍认为："往体就是弓弛弦时弓臂外挠的体势；来体则是弓张弦时弓臂内向的体势。"（参阅林卓萍《〈考工记〉弓矢名物考》，杭州师范学院硕士学位论文，2006 年。）此外，学界存在不同看法。如钱玄等以为："往体，指弓两端向外反挠的弯曲度。来体，弓体中间向内的弯曲度。"（参阅钱玄、钱兴奇、王华宝、谢秉洪注译《周礼》，岳麓书社，2001 年，第 294 页。）杨天宇认为："往体，谓弓体外曲；来体，谓弓体内向。案弓体当两隈处略曲向外，而当弓把（即弣）处略曲向内，即所谓往来之体。"（参阅杨天宇《周礼译注》，上海古籍出版社，2004 年，第 691 页。）笔者以为往体可理解为弛弦时弓体外挠（reflex）的体势；来体可理解为张弦

时弓体内向（deflex）的弓高和曲势。

对于"往体多，来体寡，谓之夹臾之属，利射侯与弋"句，郑玄注："射远者用埶。夹、庾之弓，合五而成规。侯非必，顾埶弓者材必薄，薄则弱，弱则矢不深，中侯不落，大夫士射侯，矢落不获。"《周礼正义》卷八十六说："郑说非经义。"对于"往体寡，来体多，谓之王弓之属，利射革与质"句，郑玄注："射深者用直，此又直焉，於射坚宜也。王弓合九而成规，弧弓亦然。革，谓干盾；质，木椹。天子射侯，亦用此弓。"《周礼正义》又说："郑说未当。"孙氏之疏虽详，亦未能找到合理的解释。郑、孙以为夹臾之属谓弓之弱者，乃埶弓，这是正确的，但以为"往体多，来体寡"即埶弓，则不对。他们以为王弓之属谓弓之强者，这是正确的，但以为"往体寡，来体多"就是强弓，则不对。理由如次：

一、沈括《梦溪笔谈》卷十八说："予伯兄（沈披）善射，自能为弓。其弓有六善：一者往体少而劲……凡弓往体少则易张而寿，但患其不劲。"（引自《元刊梦溪笔谈》，文物出版社，1975年。参阅闻人军《〈梦溪笔谈〉"弓有六善"考》，《杭州大学学报》1984年第4期。）所谓"劲"、"不劲"，是指一张弓储存能量和弓箭系统转化能量的能力。图九二为传统复合弓的拉力曲线（横坐标为拉距，纵坐标为拉力。）弓的储能等于弓手拉弓所做的功（$W=\int Fds$），即拉力曲线下的面积。从古代的"弓有六善"说及沈氏兄弟的制弓经验来看，在其他条件相同的情况下，凡是往体少，来体多的弓，都容易披弦和引弓，但缺点是"不劲"，即弓力偏弱。这是普遍规律，"凡"字即其证。原因是拉力小，引弓距离短，弓手所做的功较小，弓的储能较少。然而，制弓专家认为："决定弓箭发射成效的最重要的因素是释能效率，即箭矢的动能与存储在弓中的能量的比率"。"弓匠最重要的任务就是制造弓体用材精少，使用耐久，且仍可达到所需的弓力之弓。"（参阅 Adam Karpowitz, *Ottoman Turkish bows, manufacture and design*, Kindle Edition, p.14）《梦溪笔谈》"欲其劲者，妙在治筋"正是在提高效率上下功夫。沈括抓住"筋也者，以为深也"这一关键，通过先进的治筋工艺提高能量释放、转化效率，增强了弓力，从而兼有"易张而寿"和"劲"两种优点。由此可见，"弓有六善"第一善的

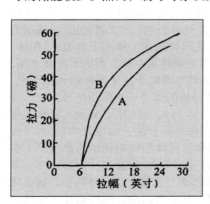

图九二　传统复合弓的拉力曲线
（A："往体少"、"来体多"，
B："往体多"、"来体少"）

"劲"并不是来自于"往体少"。

二、美国物理学家克洛普斯特格（Paul E. Klopsteg，1889—1991）的《土耳其射箭术和复合弓》认为每张弓根据其用途有最佳弓高值。并指出外挠（reflex）的作用："对于带弓弰的、弓体外挠的短弓而言，引弓时所需的拉力会始终高于设计相同、但外挠较少或无外挠之弓。因此，拉满所做的总功，及随之而来的可用能量，是随外挠的增加而增加的。外挠（Reflex）的作用是为了在弓体中装填较多的能量。当然，弓材要能承受张力，既不破裂，也不超过胡克弹性定律适用的限度。"（参见 Paul E. Klopsteg. *Turkish Archery and the Composite Bow*. Manchester: Simon Archery Fundation, 1987, Enlarged third edition. p.157）按传统复合弓射箭理论和实践，在其他条件相同的情况下，"往体多"、"来体少"的弓，与"往体少"、"来体多"的弓相比，至少有三个优点：1. 由于往体较大，在披弦时预载了较多的储能，需较大的初始拉力，箭矢初速较高。2. 由于来体较小，弓高较小，引弓时经过了较长的拉弓距离，弓手所做的功较大，弓的储能较多。3. 释放箭矢时，弓体的固有振动频率（主要取决于弓体的长度和厚度）相同，释放周期相同。因来体较小，释放距离较长，故弓弦回复速度较高，有助于更有效地加速箭矢。（参阅 Adam Karpowitz, *Ottoman Turkish bows, manufacture and design*, p.14-15）由此可见，"往体多"、"来体少"之弓较劲。弓人曰："为天子之弓，合九而成规；为诸侯之弓，合七而成规；大夫之弓，合五而成规；士之弓，合三而成规。"《周礼·夏官·司弓矢》也曰："天子之弓合九而成规，诸侯之弓合七而成规，大夫之弓合五而成规，士之弓合三而成规。句者谓之弊弓。"郑玄注：往体寡来体多则合多，往体多来体寡则合少而圜。弊犹恶也。句者恶则直者善矣。"贾公彦也以为"此皆据角弓反张，不披弦而合之"。郑注贾疏与复合弓特性抵牾。实际上，"合九而成规"等系指披弦的弓而言。合九而成规的弓往体多来体少，是强弓；合三而成规的弓往体少来体多，是弱弓。

三、弓人曰："射远者用埶，射深者用直。"这是郑玄、贾公彦、孙诒让等传统学者注释往体、来体句的理论基础。用现代射箭术的术语，直观地反映在施弦之弓的箭的初速、方向性与弓高关系示意图（图八九）中。往体少，来体多的弓，弓高较高，箭行的方向性较好，利于射侯与弋射鸟兽。但初速偏低，乃是弱弓，即夹庾之属。往体多，来体少的弓，弓高较低，箭行的方向性较次，但初速较高，力劲利于射坚，乃是强弓，即王弓之属。诸弓的性能也与上段分析一致。

四、《周礼·夏官·司弓矢》曰："司弓矢，掌六弓四弩八矢之法，辨其名物，而掌其守藏与其出入。中春，献弓弩；中秋，献矢箙。及其颁之，王弓、弧弓，以授射甲革、椹质者；夹弓、庾弓（即庾弓），以授射

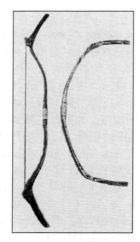

图九三　19 世纪中叶之
清代强弓

图九四　战国云纹皮革盾
（摹本，通高 46.8 厘米，1987 年湖北省
荆门包山 2 号墓出土）

豻（àn）侯、鸟兽者；唐弓、大弓，以授射学射者、使者、劳者。"可作内校。笔者发现："弓人"职诸弓次序与"司弓矢"职六弓次第不合，疑早年《考工记·弓人》发生过错简。如将"谓之夹臾之属，利射侯与弋"和"谓之王弓之属，利射革与质"的位置对调，则原文校正为"往体多，来体寡，谓之王弓之属，利射革与质。往体寡，来体多，谓之夹臾之属，利射侯与弋。往体、来体若一，谓之唐弓之属，利射深。"（图九三、图九四）经过校正，其六弓次第与《周礼·夏官·司弓矢》相同，往体、来体句经文也获得合理的解释。

此外，《说文·弓部》云："弧，木弓也，从弓瓜声。一曰：往体寡，来体多曰弧。"亦当改正为：往体多，来体寡曰弧。（详情参见闻人军《〈考工记·弓人〉"往体"、"来体"句错简校读》，《自然科学史研究》2020 年第 1 期。）

〔8〕唐弓：唐弓之属包括唐弓、大弓。弓体的外桡与内向相等，性能介于王弓之属和夹臾之属之间，兼顾弓力和方向性。弓体也较厚直，箭的初速较高，利于射深。

〔9〕潐（jiào）：涂漆，引申为漆痕。由于胎骨及漆层经常不断地涨缩，漆器常因年久而出现裂痕，即断纹。漆弓不断地弹射，断纹的出现比一般的漆器早得多，但是最好的"大和"之弓在较长的一段时间内不会产生断纹。

〔10〕有瀷而疏：诸本作"有瀷而疏"，唐石经作"角有瀷而疏"。明黄成《髤饰录·尚古》："断纹，髤器历年愈久而断纹愈生……凡揩光牢固者多疏断，稀漆脆虚者多细断，且易浮起。"在《考工记》中，筋角有漆痕而稀疏属第三等，可见前两等涂漆质量更高。

〔11〕角无瀷：角之中即隈里无漆痕，其他部位有漆痕。

〔12〕背手文：弓的表里由于胎质的不同、纹理的不同、漆层厚薄的不同、使用条件的不同，往往会产生不同的断纹。两部分之间的过渡，如像人之手背手心之间的纹理一样，最为自然，是涂漆质量好的标志之一。

〔13〕角环瀷，牛筋蕡（fén）瀷，麋筋斥（chǐ）蠖（huò）瀷：蕡，麻的种子。斥蠖，即尺蠖，形体细长、屈伸而行的一种小青虫。麋，麋鹿，亦称"四不象"，是我国特有的大型鹿科动物。《列女传·辩通传·晋弓工妻》说："荆麋之筋……天下之妙选也。"漆痕"是出于人工而成于天工者"（黄成《髤饰录·尚古》），它有各种各样的形状，"环瀷""蕡瀷""斥蠖瀷"等皆依其形似而得名。

〔14〕和：郑玄注："和，犹调也。" 毄（jī）：拂拭。郑玄注："毄，拂也。"

〔15〕覆：审察。

〔16〕句弓：句弓只有角优良，干、筋质次。郑玄注："矢虽疾而不能远。"这是质量差的弊弓。

〔17〕侯弓：侯弓的角、干均优良，但筋质次，放箭的方向性好，可以远射，然欠强劲，适宜射侯。

〔18〕深弓：深弓的角、干、筋三者兼优。"弓人"节一开始就指出："弓人为弓，取六材必以其时……干也者，以为远也；角也者，以为疾也；筋也者，以为深也。"此弓兼得疾、远、深三善，可以射深，故名"深弓"。

【译文】

凡制弓，各依所用的人的形态、意志、血性气质而异：若长得矮胖，意念宽缓，行动舒迟，像这样的人要为他制作强劲急疾的弓，并制柔缓的箭配合强劲急疾的弓。若刚毅果敢，火气大，行动急疾，像这样的人要替他制作柔软的弓，并制急疾的箭配合柔软的弓。人若宽缓舒迟，再用柔软的弓、柔缓的箭，箭行的速度就快不了，自然不易命中目标，即使射中了也无力深入。人若强毅果敢，性情急躁，再使强劲急疾的弓，剽疾的箭，〔箭的蛇行距离过长，〕自然不能稳稳中的。弓体外桡的多，内向的少，称为王弓之类，适宜于射盾、甲和木靶。弓体外桡的少，内向的多，称为夹弓、庾弓之类，适宜于射侯和弋射。弓体外桡与内向相等的，称为唐弓之类，适宜于射深。最优良的弓没有漆痕，其次筋角中央有漆痕而两边无，其次筋角有漆痕而稀疏，其次［仅］角之中即隈里没有漆痕。弓的表里漆痕相合，如人手背过渡到手心的纹理。角上的漆痕呈环形，牛筋上的漆痕如麻子文，麋筋上的漆痕如尺蠖形。［用弓前，］要拂去灰尘，抚摩弓体，察看它有无裂痕，调试弓体的形状和强弱，察看它是否适宜。经过仔细的审察，弓的角制作优良的，叫做句弓；角和干均制作优良的，叫做侯弓；角、干和筋都制作优良的，叫做深弓。

插图目录

图　号	名　　称	资　料　来　源
图二十	直辕大车上坡牵引费力示意图	
图二一	战国早期的辀形和注星示意图	《考古》2000 年第 10 期和李约瑟《中国科学技术史》第 3 卷
图二二	曾侯乙墓漆箱盖二十八宿图像（摹本）	
图二三	车与旗	杨泓《中国古兵器论丛》；《考古学报》1988 年第 2 期
图二四	司母戊大鼎	华觉明《中国冶铸史论集》
图二五	春秋阳燧	金永林《金属文物鉴赏》
图二六	削	《新中国的考古收获》
图二七	战国三棱形箭镞	《考古通讯》1957 年第 1 期
图二八	戈	《考古学报》1972 年第 1 期
图二九	戟	马承源主编《中国青铜器》；中科院考古所《辉县发掘报告》
图三十	越王州句剑	《文物》1973 年第 9 期
图三一	曾侯乙墓编钟	谭维四《曾侯乙墓》
图三二	甬钟	湖北省博物馆《随县曾侯乙墓》
图三三	编钟铣长与第一基频的关系	
图三四	鬴	吴承洛《中国度量衡史》
图三五	曾侯乙墓皮甲胄复原示意图	杨泓《中国古兵器论丛》
图三六	战国云纹铜犀尊	人民日报出版社等《中华古文明大图集·铸鼎》

续　表

图　号	名　　称	资　料　来　源
图三七	鼓和击鼓	《新中国的考古发现和研究》；《文物》1976年第3期
图三八	鼍鼓示意图	
图三九	山东莒县陵阳河遗址出土表号纹样	山东省文管处等《大汶口》
图四十	戴震所拟圭图	《考工记图》
图四一	夏至致日图	清《钦定书经图说》
图四二	战国玉瓒	孙庆伟《周代裸礼的新证据》，《中原文物》2005年第1期
图四三	戴震所拟璧图	《考工记图》
图四四	玉琮	《考古》1984年第2期
图四五	璋	《考工记图》；王辉《殷墟玉璋朱書文字蠡測》，《文博》1996年第5期
图四六	楚国漆案	河南省文化局文物工作队《河南信阳楚墓出土文物图录》
图四七	商代玉栉	周锡保《中国古代服饰史》
图四八	磬	《考古》1972年第3期
图四九	箭矢部位名称及复原图	成东、钟少异《中国古代兵器图集》
图五十	箭羽横向稳定作用示意图	
图五一	Spine对飞行轨道的影响	
图五二	商陶甗	The Nelson Gallery-Atkins Museum: *The Chinese Exhibition*

图　号	名　称	资　料　来　源
图五三	晋国陶盆	《新中国的考古发现和研究》
图五四	陶甑	《云梦睡虎地秦墓》编写组《云梦睡虎地秦墓》
图五五	西周陶鬲	《新中国的考古发现和研究》
图五六	西周原始瓷簋	中国硅酸盐学会《中国陶瓷史》
图五七	西周原始瓷豆	《文物》1972 年第 10 期
图五八	曾侯乙墓钟虡铜人	《曾侯乙墓》
图五九	曾侯乙墓磬虡羽兽	《曾侯乙墓》
图六十	漆木勺	《包山楚墓》
图六一	戴震所拟爵图	《考工记图》
图六二	西周"小臣单"觯	马承源《中国青铜器研究》
图六三	商代前期铜觚	《新中国的考古发现和研究》
图六四	木豆和铜豆	《曾侯乙墓》;《文物》1989 年第 9 期
图六五	东周青铜器上侯的图像	《文物集刊》2，1980 年;《考古学报》1988 年第 2 期
图六六	射侯图	《文物》1976 年第 3 期
图六七	曾侯乙墓的矛	《曾侯乙墓》
图六八	曾侯乙墓带铜头的殳	马承源主编《中国青铜器》（修订本）
图六九	以槷的日影测定方向示意图	
图七十	东汉天文史官所用星图（据蔡邕《月令章句》推测）	中国天文学史整理研究小组《中国天文学史》

图 号	名 称	资 料 来 源
图七一	王城基本规划结构示意图	贺业钜《〈考工记〉营国制度研究》
图七二	偃师二里头遗址主体殿堂平面布置复原图	杨鸿勋《建筑考古学论文集》
图七三	安阳殷墟乙二十基址平面原图和仿殷大殿	杜金鹏《殷墟宫殿区建筑基址研究》；杨善清、杜久明《中国殷墟：去安阳认识商代文明》
图七四	东周漆器残纹上的明堂复原图	《考古学报》1977 年第 1 期；曹春萍《"四阿重屋"探考》，《华中建筑》1996 年第 1 期
图七五	曾侯乙墓漆几	《随县曾侯乙墓》
图七六	宫城规划设想图	贺业钜《〈考工记〉营国制度研究》
图七七	商周铜耜	马承源《中国古代青铜器》
图七八	井田沟洫水利示意图	
图七九	"磬折以叁伍"式的折线型剖面堰	
图八十	《考工记·匠人》跌水示意图	
图八一	版筑图	（旧题）郭璞撰《尔雅音图》；刘致平《中国建筑类型及结构》（新一版）
图八二	屋架高度与进深关系示意图	
图八三	陶囷明器	《新中国的考古发现和研究》
图八四	矩、宣、欘、柯、磬折示意图	
图八五	戴震所拟耒图	《考工记图》
图八六	羊车画像石	《中国音乐文物大系》总编辑部《中国音乐文物大系·山东卷》

图 号	名 称	资 料 来 源
图八七	弓的各部位名称图	中国军事百科全书编审委员会《中国军事百科全书》
图八八	尼雅式汉弓复原图	Stephen Selby: *Reconstruction of the Niya Bow*
图八九	初速～弓高，方向性～弓高函数关系示意图	《自然科学史研究》1984 年第 1 期
图九十	十九世纪整弓箭图	黄时鉴、（美）沙进《十九世纪中国市井风情——三百六十行》
图九一	试弓定力图	宋应星《天工开物》
图九二	传统复合弓的拉力曲线	《自然科学史研究》2020 年第 1 期
图九三	19 世纪中叶之清代强弓	Stephen Selby: *Chinese Archery*
图九四	战国云纹皮革盾	《包山楚墓》

附 录

《周官传》（节录）

马融

　　秦自孝公已下，用商君之法，其政酷烈，与《周官》相反，故始皇禁挟书，特疾恶，欲绝灭之，搜求焚烧之独悉，是以隐藏百年。孝武帝始除挟书之律，开献书之路，既出于山岩屋壁，复入于秘府，五家之儒，莫得见焉。至孝成皇帝达才通人刘向、子歆校理秘书，始得列序著于《录》、《略》。然亡其《冬官》一篇，以《考工记》足之。时众儒并出：共排以为非是，唯歆独识。其年尚幼，务在广览博观，又多锐精于《春秋》。末年乃知其周公致太平之迹，迹具在斯。

——贾公彦《序周礼废兴》引

《三礼目录》（节录）

郑玄

象冬所立官也。是官名"司空"者，冬闭藏万物，天子立司空使掌邦事，亦所以富立家使民无空者也。《司空》之篇亡，汉兴，购求千金不得。此前世识其事者记录以备大数，古《周礼》六篇毕矣。

——《十三经注疏》贾公彦《考工记疏》引

《经典释文》（节录）

陆德明

汉兴……景帝时，河间献王好古，得古《礼》献之。（郑《六艺论》云：后得孔氏壁中，河间献王古文《礼》五十六篇、《记》百三十一篇、《周礼》六篇。其十七篇与高堂生所传同而字多异。刘向《别录》云：古文《记》二百四篇。《艺文志》曰：《礼古经》五十六篇，出于鲁淹中。苏林云：淹中，里名。）或曰：河间献王开献书之路，时有李氏上《周官》五篇，失《事官》一篇，乃购千金不得，取《考工记》以补之。（序录）

《鬳斋考工记解》（节录）

林希逸

　　《考工记》须是齐人为之，盖言语似《穀梁》，必先秦古书也。（卷上）

徐玄扈《考工记解》跋

茅兆海

　　《考工记》未知成于何代也，而与《周礼》若有神会焉。律吕、宫商、玄黄、黼黻，相宜相错，自成盛世声文，使读者若登霄汉而听钧天，经河渚而揽天孙之锦也。徐玄扈（徐光启字玄扈—笔者注）先生擅董狐之笔，动太乙之灵，每得异书必穷奇赏，而又躬黄石之略，厚其积而深用之，济时艰而为帝者师，固其宜也。以故于器用、舟、车、水、火、木、金之属资于庙算世务者，率皆精究形象以为决胜之图，缙绅先生能言之矣。然逆流寻源，皆以《考工记》为星宿海（星宿海在青海省西部，旧时以为即黄河之源—笔者注），江、淮、河、汉分道而驰，即云梦不足吞，而沧溟难为委，朝宗之应，不亦宜乎。其书释注成编，手自删削，凡三易草，而后以示人，众綮所归，莫可名状。顷先生以练兵膺特旨，暂息东山，遂得入座问奇，访西阳不传之秘，爰以请其真本，与《周礼》合刻而传焉，灵篆玄文不敢靳固于嵇叔夜耳。夫八阵之列旋相错也，五行之动迭相竭也，发生肃杀之道而机具焉，舍是以求运筹借箸也，抑何涂之从乎？计、朱公之佐越、居陶，默契斯义。先生之以资兵事，安可谓异代有异诣哉！

天启三年仲春吉日门人茅兆海谨识

——引自《徐光启著译集·考工记解》

按：茅兆海，字巨宗，归安（今浙江吴兴）人，是《武备志》作者茅元仪（1594—1640）的堂侄。参见闻人军《徐光启〈考工记解〉成书年代和跋批作者考》,《咸阳师范学院学报》2019 年第 6 期。

《周礼疑义举要》(节录)

江永

《周礼》本是未成之书，阙《冬官》，汉人求之不得，以《考工记》补之，恐是当时原阙也。《冬官》掌事而事不止工事，考工是工人之号，而工人非官，注谓以事名官，以氏名官，非也。

《考工记》，东周后齐人所作也，其言"秦无庐"、"郑之刀"，厉王封其子友，始有郑；东迁后，以西周故地与秦，始有秦，故知为东周时书。其言"橘逾淮而北为枳，鸜鹆不逾济，貉逾汶则死"，皆齐鲁间水。而"终古"、"戚速"、"椑"、"茭"之类，郑注皆以为齐人语，故知齐人所作也。盖齐鲁间精物理、善工事而工文辞者为之。（卷六）

考工记图序

戴震

立度辨方之文，图与传、注相表里者也。自小学道湮，好古者靡所依据，凡《六经》中制度、礼仪，核之传、注，既多违误，而为图者，又往往自成诘诎；异其本经，古制所以日即荒谬不闻也。

旧礼图有梁、郑、阮、张、夏侯诸家之学，失传已久，惟聂崇义《三礼图》二十卷见于世，于《考工》诸器物尤疏舛。

同学治古文词，有苦《考工记》难读者，余语以诸工之事，非精究少广旁要，固不能推其制以尽文之奥曲。郑氏《注》善矣，兹为图，翼赞郑学，择其正论，补其未逮。图傅某工之下，俾学士显白观之。因一卷书，当知古六书、九数等，儒者结发从事，今或皓首未之闻，何也？

——引自戴震《考工记图》

考工记图后序

戴震

　　《考工》诸器，高庳广狭有度，今为图敛于数寸纸幅中，或舒或促，必如其高庳广狭，然后古人制作昭然可见。不则如磬氏之磬，何以定其倨句？栗氏之量，何以测其方圆径幂？韗人之皋陶，何以辨其晋鼓、鼖鼓？又如凫氏之钟，后郑云："鼓六、钲六、舞四"，"其长十六"。又云："今时钟，或无钲间。"既为图观之，直知其说误也。句股法，自铣至钲，八而去二，则自钲至舞，亦八而去二。铣为钟口，舞为钟顶。《记》曰铣、曰钲者，径也；曰铣间、曰钲间、曰鼓间者，崇也；曰修、曰广者，羡也。羡之度，举舞则钲与铣可知，而钲间因铣、钲、舞之径以得其崇。然则《记》所不言者，皆可互见。若据郑说，有难为图者矣。其他戈戟之制，后人失其形似；式崇式深，后人疏于考论；郑氏《注》固不爽也。

　　车舆宫室，今古殊异。钟县、剑、削之属，古器犹有存者。执吾图以考之群经暨古人遗器，其必有合焉尔。时柔兆摄提格日在南北河之间，东原氏书于游艺塾。

——引自戴震《考工记图》

按：《考工记图》初刊于乾隆二十年（1755）冬，纪昀为其作序，赞为奇书，内称："戴君深明古人小学，故其考证制度字义，为汉以降儒者所不能及。以是求之圣人遗经，发明独多。"纪昀曾将戴震的"补注"与昔儒旧训参互校核，在序中详列《考工记图》补正郑注的精审之处，得十二例。他对《考工记图》多方面的学术成就亦有很高的评价。戴震的某些真知灼见已为考古发现所证实，某些推测则已为考古实物所否定。《考工记图》中的大小诸图，凡五十九幅，世所推重。然因成书年代较早，二百多年来，尤其是近几十年来的考古发现和研究，已经表明戴氏之图约有三分之一不合古制，有些是明显的误解，其余的三分之二也有不少需要修正和充实。

《考工创物小记》（节录）

程瑶田

　　汉经师之说经也，亦或有所见，偶别于原经，指趣颇不相入，然苟持之有故，言之成理，自可成一家言。易之为书，不可典要。知者见知，仁者见仁，皆是物也。而后人或误解汉人文义，则是注既失经趣，读注者又违注义，疑误后人，可胜言哉！如《考工》倨句矩法，《记》文明明大书特书之，曰："车人之事，半矩谓之宣，一宣有半谓之欘，一欘有半谓之柯，一矩有半谓之磬折[1]。"是为"磬氏为磬，倨句一矩有半"起例也。是即为"车人为耒""倨句磬折"，弦之"与步相中"起例也。是即为"皋鼓，长寻有四尺，倨句磬折"起例也。……而郑氏乃於《记》文读之聭聭焉，未得其审，故注磬氏"倨句一矩有半"，不凭"车人"矩法，而曰："必先度一矩为句，一矩为股，而求其弦。既而以一矩有半触其弦，则磬之倨句也。"此注大误。然读此注者，不但贾疏文理鹘突，看去不能了了，即以吾友东原氏（戴震字东原——笔者注）之聪明，犹不免续凫断鹤之诮。斯亦难矣。瑶田涵泳注文，字梳句栉而释之，令其文从字顺，于是注中"既而以一矩有半触其弦"十字——皆有分晓，而郑注二千年来之茫昧，一旦理顺冰释，因图而说之，详见《磬折古义》中矣。（《考工创物小记·阮中丞寄示李尚之〈考工记〉郑氏磬图第一、郑氏求磬倨句图第二、县磬图第三凡三图率尔书后》）

〔1〕按：一矩有半谓之磬折：《考工记·车人之事》原文为"一柯有半谓之磬折"，程瑶田为与"磬氏为磬""倨句一矩有半"相合，臆改为"一矩有半谓之磬折"。

《考工记》的年代与国别

郭沫若

《考工记》一书，作为《周礼·冬官》的补遗而被保存着，它本是单独的一个作品，但它的制作年代和国别是颇为隐晦的。

《周礼》郑玄目录云："《司徒》之篇亡，汉兴，购求千金不得。此前世识其事者记录以备大数，古《周礼》六篇毕矣。"漫云"前世"，自当指汉兴以来。因为上文既言汉兴以来始购求补亡，则"记录以备大数"的"前世"，自然属于汉代。因而如孔颖达竟引伸其说，谓"文帝得《周官》，不见《冬官》，使博士作《考工记》补之"。（见《礼器》疏）

贾公彦则云："《冬官》六国时亡，其时以《考工记》代之。"（见《大宰》疏）又云："虽不知作在何日，要知在秦以前，是以得遭秦灭焚典籍，韦氏裘氏等阙也。"

王应麟《困学纪闻》否认汉博士作之说，引《齐书》"文惠太子镇雍州，有盗发楚王冢，获竹简书十余简，以示王僧虔，僧虔曰，是科斗书《考工记》"以为证。认为"科斗书汉时已废，则记非博士作也"。

江永《周礼疑义举要》更进一境，认为"《考工记》东周后齐人所作也。其言'秦无庐，郑之刀'，厉王封其子友，始有郑，东迁后以西周故地与秦，始有秦，故知为东周时书。其言'橘逾淮而北为枳，鸲鹆不逾济，貉逾汶则死'，皆齐鲁间水；而'终古'、'戚速'、'椑'、'茭'之类，郑注皆以为齐人语，故知齐人所作也"。

孙诒让《周礼正义》记述旧说甚详，力驳汉博士作说，言文帝时并无《周官》博士，而以"江说近是"，但亦无所补充。

今案江说不仅"近是"，实则确切不可易，特其所列证据尚未十分充分，而亦有未尽可靠处而已。

先从年代来说：

一、"有虞氏上陶，夏后氏上匠，殷人上梓，周人上舆。"

二、"郑之刀，宋之斤，鲁之削，吴越之剑，迁乎其地而弗能为良。"

三、"粤无镈，燕无函，秦无庐，胡无弓车。"

四、"燕之角，荆之干，妢胡之笴，吴越之金锡。"

据第一项，可知书已不作于西周，而作者亦断非周人。

据其他三项，郑宋鲁吴越等国入战国后均已先后灭亡；即使这些国别只是作为地理上的习惯语，也要它们国亡之后不久，它们的技艺才能够"迁乎其地而弗能为良"。

就这样，我们可以断定作者的年代必然属于春秋战国时代。

再说到作者的国别。

据上，作者的国别，周郑宋鲁吴越燕秦荆楚妢胡都是除外了的。东迁以后主要的国家所没有提到的只是齐和晋，则作者不是齐人便可能是晋人。"妢胡"一名，旧注以为"胡子之国在楚旁"，这样一个小小的国家论理是没有被举的资格的。我疑"妢"即是"汾"，"妢胡"即是晋。汾河流域半系晋之疆域，古属胡戎，唐叔虞受封，奉命"疆以戎索"，可为证。作者对晋人含有敌忾，故不称晋号而斥之以妢胡，就这样，把晋国除外，则作者便只能是齐人了。

在这儿，江永所举的齐鲁间的淮济汶等水固然是佳证。所举齐语，有可靠者，亦有不可靠者。其可靠者如"戚速"、"椑"、"苂"，其不可靠者如"终古"。孙诒让云："《楚辞·离骚、九歌、九章》并有'终古'之语，则不独齐人有此语矣。"是则"终古"一例当除外。亦有遗漏，为江氏所未举者，如：

一、"察其菑蚤不齵。"

注：郑司农云："菑读如杂厕之厕。谓建辐也。"泰山平原所树立之物为菑，声如戴。

二、"山以章。"

注：章读为獐，齐人谓麋为獐。

三、"大圭长三尺，杼上终葵首。"

《说文》："椎，击也，齐谓之终葵。"

合上可得六例。亦有别国方言偶见使用的，如"檗"字，郑司农云"蜀人言檍曰檗"，可能为齐蜀共通之语，即使专为蜀言，亦仅六与一之比而已。

除方言之证明外，尚有更重要的证据为江氏所遗漏的，实为记中所用衡量之名。如冶氏为杀矢"重三垸"，矢人亦云然。此"垸"字当即郑注所云"今东莱称或以大半两为钧，十钧为环，环重六两大半两"的环。大半两是三分之二两。再如：

一、"粟氏为量。……量之以为鬴，深尺，内方尺而圆其外，其实一鬴。其臀一寸，其实一豆。其耳三寸，其实一升。重一钧。"（重三十斤，此与上"大半两为钧"者不同。）

二、"陶人为甗，实二鬴。……盆实二鬴。……甑实二鬴。……鬲实五觳。……庾实二觳。"

三、"旊人为簋，实一觳。……豆实三而成觳。"

四、"梓人为饮器，勺一升，爵一升，觚三升。献以爵而酬以觚，一献而三酬，则一豆矣。食一豆肉，饮一豆酒，中人之食也。"

这些量名都是齐制。《左传》昭公三年有文云："齐旧四量，豆区釜钟。四升为豆，各自其四以登于釜，釜十则钟。陈氏三量，皆登一焉，钟乃大矣。"杜注云："四豆为区，区斗六升。四区为釜，釜六斗四升。"又训"登一"之登为加，"加一谓加旧量之一也，以五升为豆，五豆为区，五区为釜，则区二斗，釜八斗，钟八斛"。

《记》文鬴字即传文釜字。"勺一升，爵一升，觚三升……一献而三酬，则一豆矣"，正合乎"四升为豆"的说法。特于豆区釜之外别有三豆为觳，二觳为庾之补助量，而于基本制度并无变易。《记》文既合乎"四升为豆"之制，可知是在齐量尚未改为陈氏新量的时代，即是春秋末年[1]，这于记文的年代也是绝好的一个证据。

又《左传》"四升为豆"一语，余于往年曾致疑于升字当系勺字之误，盖基本单位不能过大，而古文勺字与升字几无若何区别也（见拙著《金文余释之余》第六三叶。）今看《记》文梓人文"勺一升，爵一升，觚三升"，似乎与"四升为豆"亦相合，但疑是后人反据传文所擅改，记文应为"勺一勺，爵一勺，觚三勺"。如是则"四勺为豆"，"食一豆肉，饮一豆酒"，正适宜为"中人之食"矣。此系旁枝，谨附记于此。

就上所述，于江永旧说有所补充，并可获得一更为坚确的结论：《考工记》实系春秋末年齐国所纪录的官书。

三十五年六月三十日于上海

——引自《开明书店二十周年纪念文集》，
中华书局，1985 年

〔1〕按：在学术界有广泛影响的《考工记》春秋末年成书说即源出于此，郭氏的推断欠妥。这是因为田齐和姜齐都用"四升为豆"之制，仅据"四升为豆"之制不足以说明《考工记》成书于"齐量尚未改为陈氏新量的时代"。其次，《考工记》著录的确是姜齐旧量，这一事实可将它的成书年代的下限划到公元前 386 年（田太公得周天子承认，立为诸侯的那一年），而不是春秋末年。因为在田氏代齐的过程中，新旧两种量制并行，作为齐国官书的《考工记》著录公量乃是正常的现象。（参阅本书附录《〈考工记〉成书年代新考》。）

《考工记》成书年代新考

闻人军

《考工记》是我国最早的手工艺专著。故确认它的成书年代，无疑将有助于先秦史特别是中国科技史的研究。

一、历史悬案

汉代马融作《周官传》说：《周官》"亡其冬官一篇，以《考工记》足之"。郑玄《目录》说："司空之篇亡。汉兴，购求千金不得。此前世识其事者记录以备大数。"

陆德明的《经典释文·序录》又说："河间献王开献书之路，时有李氏上《周官》五篇，失事官一篇。乃购千金不得，取《考工记》以补之。"《隋书·经籍志》上也有类似提法。

一般认为，《考工记》原是单行之书。汉代将它取来补入《周官》，《周官》又名《周礼》，遂有《周礼·冬官考工记》之称。

经江永、郭沫若、陈直等人分别在《周礼疑义举要》、《考工记的年代与国别》、《古籍述闻》中考证，《考工记》的作者是齐人料无疑义，但成书年代之争，一直聚讼纷纭，未有定论。郑玄漫言"前世"，孔颖达以为是西汉人作，贾公彦、王应麟等认为是先秦之书。自顾炎武以降，注重考据，研究逐步深入，诸家争鸣，形成了下列几种代表性的观点：

（1）春秋末年成书说，代表人物郭沫若。

（2）战国后期成书说，代表人物梁启超（《古书真伪及其年代》，中华书局，1955年，第126页）、史景成（《考工记之成书年代考》，《书目季刊》1971年春季5卷3期，台北。）。

（3）战国时期（阴阳家）成书说，代表人物夏纬瑛（《〈周礼〉书中有关农业条文的解释》，农业出版社，1979年）。

（4）战国初期成书说，代表人物杨宽（《战国史》，上海人民出版社，1980年，第81页），王燮山（《"考工记"及其中的力学知识》，《物理通报》1959年第5期）。

此外，汉代成书说仍不绝如缕。英国科学史家李约瑟倾向于战国成书说，但仍将《考工记》的成书年代记作："周、汉，可能原是齐国的官书。"（Joseph Needham, *Science & Civilisation in China*, Vol.4.3, 1971, p.717.）真可谓众说纷纭，莫衷一是。

上述各家之言，究竟孰是孰非，有待新的考证。兹将探索所得概述如次。

二、从度量衡制看其成书年代

《考工记》中的量制是齐国之制。郑玄注嘉量一鬴等于六斗四升，意指是姜齐旧量。《记》文中出现的"寻"、"常"、"仞"等四进制系统的长度单位也属姜齐旧制。另外，在衡制中也有姜齐旧制的标志。

"栗氏"条说：嘉量，"重一钧"。春秋战国时曾存在大、小尺两种不同的度量衡系统（高自强《汉代大小斛（石）问题》，《考古》1962年第2期）。大尺系统以周、秦、晋、楚和田齐为代表，每斤约合250克。小尺系统以姜齐为代表，每斤约合198.4克（《中国古代度量衡图集》）。按一钧等于30斤推算，《记》文嘉量不过6—7.5公斤左右。照理，嘉量比单纯的鬴（釜）量多出双耳和臀部，应比普通釜量为重。但实际上，属于新量的田齐子禾子釜重达13.94公斤，陈纯釜也有12.08公斤（《齐量》）。《记》文嘉量比田齐新量轻得多，理应属于容积较小、重量较轻的姜齐旧量。

郭沫若于1947年发表《考工记的年代与国别》一文，颇有创见。但因稍欠精审，仍有值得推敲之处。例如：郭老以《记》文中关于"四升为豆"的有关记载推论《记》文采用姜齐旧量。其实，据解放后的考证，齐国新旧两种量制均是"四升为豆"之制（《齐量》），故"四升为豆"不足以援引为据。郭老认为《考工记》的成书年代"是在齐量尚未改为陈氏新量的时代，即是春秋末年"，从而奠定了春秋末年成书说。这步推论也是不够严密的。因为在田氏代齐过程中，新旧两种量制并行，作为齐国官书的《考工记》无疑应当著录公量。倘从《记》文采用姜齐旧量出发，仅能判断《考工记》是田太公得周天子承认，立为诸侯的那一年（公元前386年）以前的作品。郭老的著作也以"春秋"绝笔作为春秋和战国时期的分界线（《中国史稿》第一册）。所以《考工记》成书于春秋末年的提法值得讨论。

三、从历史地理称谓看其成书年代

《考工记》中，"胡"字作为历史地理称谓，共有两处：一是"胡无弓车"，二为"妢胡之筍"。前者公认是指北方少数民族。"妢胡"的解释历来不同。它究竟在哪里？笔者以为是指陕西泾河中游地区，当时是西北少数民族的聚居地之一。杜子春云：妢，"书或为邠"。《集韵》："邠或作豳。"邠是周祖先公刘所立之国，在今陕西省旬邑县西泾河中游地区。顾祖禹的《读史方舆纪要》说："邠州，古西戎地。后公刘居此，为豳国。"又说："寿山，在州城南。四面萃崒，其顶平旷，有茂林修竹之胜。"《穆天子传》说："犬戎胡觞天子于雷水之阿。"今疑"妢胡"应为"邠胡"，即陕西泾河中游地区。

顾炎武的《日知录》说："《史记·匈奴传》曰：晋北有林胡、楼烦之戎，燕北有东胡、山戎；盖必时人因此名戎为胡。"《考工记》曰"胡无弓车"，"以此知考工之篇，亦必七国以后之人所增益矣"（顾炎武《日知录》卷三二）。

《墨子·非攻中篇》说："虽北者，且不一著何，其所以亡于燕、代、胡貉之间者，亦以攻战是也。"（孙诒让《墨子间诂·非攻中篇》）这是早期称北狄为胡的例子。《穆天子传》说："犬戎胡觞天子于雷水之阿。"这是西戎名胡的例子。《非攻》篇的著作年代较早，约在墨翟生时。《穆天子传》出于晋代汲县魏墓，其成书在魏襄王二十年（公元前299年）以前。但梁启超说"粤、胡是到战国末才传名到中国的，因此可知《考工记》是战国末的书"（《古书真伪及其年代》第126页）。古代粤、越相通，《记》文中的"粤"即"越"字，战国前早已传名入中原了。公元前 473 年，越王勾践灭吴。接着挥兵北上，称霸徐州（今山东滕县），势力范围伸入山东。影响所及，自不待言。可见梁启超的观点不能成立。

不过戎狄称胡不见于《左传》，迄今所知的春秋时期的文献中均无先例（此据杨宽先生惠告）。由此看来，《考工记》不大可能是春秋时期的著作。

四、从金石乐器形制看其成书年代

自 1930 年前后河南洛阳金村古墓出土周磬以来，全国各地陆续出土的编磬已经形成了明显的演变序列，从而揭开了千百年来困惑了无数解经者的《考工记》磬制倨句的秘密。

春秋末期以前，编磬尚未定型。至春秋末期，形制渐趋一致。如河南淅川县下寺一号墓出土编磬的倨句平均值为 153° 左右，而且相互之间比较接近（见《考古》1981 年第 2 期）。在这种基础上，一种古代的实用角度定义——"磬折"（磬之倨句）的概念开始发端。当时"半矩谓之宣，一宣有半谓之欘，一欘有半谓之柯"。一柯有半折合现在的 151° 52′ 30″，和磬的倨句相近，所以将"一柯有半谓之磬折"（《周礼》卷四二）。但是山西长治分水岭 269、270 号墓出土的编磬，倨句值在 131°—152° 之间波动（见《考古学报》1974 年第 2 期），尚无一定的规范可循。战国时期，情形有所不同，出现了两类定型的编磬。

第一类的倨句度数沿用磬折的大小，一般在 150° 左右。其代表性的出土地点计有：湖北随县曾侯乙墓（见《文物》1979 年第 7 期）、山西万荣县庙前村（见《文物参考资料》

1958 年第 12 期）、河南辉县琉璃阁墓甲（许敬参《编钟编磬说》,《河南博物馆馆刊》第九集，1937 年）、河南洛阳金村古墓（常任侠《中国古典艺术》，上海出版公司，1954 年，第 30 页），以及湖北江陵纪南故城址附近出土的彩绘楚编磬等（见《考古》1972 年第 3 期）。据考证，这批墓葬的年代为战国前期。

第二类编磬的倨句度数约为 135°，跟《记》文"磬氏"条"磬氏为磬，倨句一矩有半"（即 135°）相应。出土这类编磬的代表性墓葬有：山西长治分水岭 14、25、126 号墓（见《考古学报》1957 年第 1 期，《考古》1964 年第 3 期，《文物》1972 年第 4 期）、河南汲县山彪镇一号墓（郭宝钧《山彪镇与琉璃阁》及《考古》1962 年第 4 期）、洛阳 74C1 四号墓（见《考古》1980 年第 6 期《河南洛阳出土"繁阳之金"剑》）、山东诸城县臧家庄等（见《文物》1972 年第 5 期《概述近年来山东出土的商周青铜器》）。此外，日本《支那古玉图录》著录一磬（梅原末治《支那古玉图录》），也属这一类。这类编磬都是战国时期之物，年代不早于战国初期。显然，第二类编磬是按《考工记》规定的倨句要求制作的。由第二类编磬的出现时期可以推测《考工记》的编成和流传当在进入战国以后。

近年来，我国东周编钟屡见出土，但完全符合《记》文规定的尺度比值的，尚未发现。其中符合得比较好的当推随县曾侯乙墓的甬钟（华觉明、贾云福《先秦编钟设计制作的探讨》,《自然科学史研究》，1983 年第 1 期）。江苏六合程桥 2 号墓春秋晚期编钟（见《考古》1974 年第 2 期）和春秋战国之交的山西长治分水岭 269、270 号墓出土编钟（见《考古学报》1974 年第 2 期），其规范化和精确度均不及战国初期的随县曾侯乙墓甬钟严谨。战国前期的编钟，以河南辉县琉璃阁墓甲（见《河南博物馆馆刊》第九集，1937 年）及汲县山彪镇（见前）出土的为例，也未超过随县曾侯乙墓。据此，编钟的演化，为"记"文成书于战国初期提供了又一个旁证。

五、从青铜兵器形制看其成书年代

武器的生产是以整个社会的生产为基础的，所以兵器的演变打上了时代的印记，客观上为《考工记》的成书年代提供了绝好的证据。

根据传世和出土的铜兵实物及东周器物标型学的研究，不难发现，《记》文中描述的戈、戟、剑、矢等兵器型式，均盛行于战国初期。日本的薮内清也说《考工记》"关于兵器的记述和考古遗物比较结果，可以推定其中含有战国时代的资料（见日本《世界大百科事典》第 10 册，平凡社，1974 年，第 183—184 页）。下面对戈、戟、剑、矢分别作些具体讨论。

1. 戈

商戈无胡。西周始有短胡及中胡戈出现。春秋以中胡多穿戈为主。春秋战国之交至战国前期以长胡多穿戈为主。《记》文说"戈广二寸，内倍之，胡三之，援四之"，"倨句外博"。和《记》文记载相近的实例有：春秋末或战国初期的江苏六合和仁东周墓出土之戈（见《考古》1977 年第 5 期），战国初期的随县曾侯乙墓及安徽亳县曹家岗七号墓出土铜戈（见《考古》1961 年第 6 期），合于《记》文规定。战国前期的河南辉县赵固一号墓（《辉县发掘报告》），汲县山彪镇一号墓出土铜戈中（见前），也有与之相近的。此外，《支那古器图考·兵器篇》著录的河北易县燕下都故城址出土的战国戈（见日本东方文化学院东京研究所，1932 年），尚符合《记》文规定。

至战国中后期，戈形更为进化，援、胡、内三者均出利刃，杀伤力更大。其例子有：湖南衡阳战国纪年（公元前338 年）铭文铜戈（见《考古》1977 年第 5 期），山东蒙阴唐家峪战国铭文铜戈等等（见《文物》1979 年第 4 期），形制已和《记》文的要求不同。

2. 戟

周戟的发展，可分为四个阶段：1. 戈、矛单独使用。2. 戈、矛合体合用。3. 戈、矛分铸联装。4. 戈、矛变形加胐。《记》文说：戟，"与刺重三锊"。分明是戈、矛分铸联装的。战国前期的随县曾侯乙墓、河南汲县山彪镇一号墓、辉县赵固一号墓、辉县琉璃阁、河北唐山贾各庄、山西长治分水岭等处，均出土过这种型式之戟（见《文物》1979 年第 7 期和《考古》1961 年第 2 期）。春秋末年的江苏六合程桥一号墓中已有戈、矛分铸联装的戟，但其所属戈形不合《记》文的有关规定（见《考古》1965 年第 3 期）。

3. 剑

据《记》文记载，上士之剑长三尺，中士之剑长二尺半，下士之剑长二尺。剑型的特征是"中其茎，设其后"。且身、茎有一定的比例关系。上士之剑 5：1，中士之剑 4：1，下士之剑 3：1。茎上设后之剑，始于春秋末年，但身、茎比尚不符合《记》文的要求。

必须指出，春秋战国时期各国的度量衡不够统一，存在着地域和时期的差异，其他名物也是如此。可惜时人不够注意，在讨论时往往套用周尺（合 23.1 厘米），而未加区别对待。

战国前期的洛阳金村古墓出土一剑，通长 68.58 厘米，身茎比为 5 ∶ 1（White, W.C.［怀履光］，"Tombs of Old Lo-Yang"，Shanghai, 1934. 唐兰《洛阳金村古墓为东周墓非韩墓考》，《大公报》1946 年 10 月 23 日。唐文将该墓年代订为公元前 404 年）。按周尺计算，相当于《考工记》中的上士之剑。

据作者考证，《考工记》中齐国小尺等于 19.7 厘米左右（见《考古》1983 年第 1 期）。按此，山东平度县东岳石村战国早期的 16 号墓出土之剑（长 58.8 厘米）（见《考古》1962 年第 l0 期）、《支那古器图考》收录一剑（长 47.3 厘米，身茎比 4 ∶ 1。见日本东方文化学院东京研究所，1932 年。）分别相当于上士之剑和中士之剑。吴大澂收藏过的战国鱼肠剑，身茎比为 3 ∶ 1，通长约为齐尺的二尺，当是下士之剑（周纬《中国兵器史稿》，生活·读书·新知三联书店，1957 年）。

湖北江陵出土的越王勾践剑（通长 55.7 厘米，柄长 8.4 厘米），不合《记》文规定（见《文物》1966 年第 5 期）。但越王州句剑中，有一把长 57 厘米，身茎比为 5 ∶ 1（见周纬《中国兵器史稿》）；有一把长 58 厘米（《文物考古工作三十年·三十年来湖南文物考古工作》）；均相当于上士之剑。浙江省博物馆馆藏的一把"越王州句自作用剑"（长约 61.8 厘米，身茎比为 5 ∶ 1），也可列入上士之剑。由此说明，勾践在位时（公元前 497—前 465 年），《考工记》尚未问世或未流传到越国。而州句在位时（公元前 448—前 412 年），《考工记》已传入越国。

此外，战国初期的唐山贾各庄 16 号墓出土一剑（通长 49 厘米，身茎比约 4：1。见《考古学报》第 6 册 1953 年 12 月），战国前期的洛阳中州路 2728 号墓出土铜剑（长 49.1 厘米，身茎比约 4：1。见《洛阳中州路（西工段）》，科学出版社，1959 年，第 98 页），若也按齐尺计算，均系中士之剑。

南齐时有人盗发楚王冢，曾得科斗书《考工记》竹简（《南齐书·文惠太子传》）。楚国及其某些邻邦的出土文物，应当与《考工记》的问世和流传有密切关系。

楚王酓章剑，茎上无后，形制不合《记》文规定（刘节《楚器图释》第 9 页）。这是酓章（熊章）在位时（公元前 488—前 431 年），《考工记》尚未问世或未流传至楚国的一个证据。长沙东郊战国初期的 301 号墓出土一剑（长 49.5 厘米，身茎比为 4：1），战国前期的 216 号、317 号墓各出土一剑（长 57.4 厘米，身茎比约 5：1。见《长沙发掘报告》，科学出版社，1957 年，第 43 页），如果仍按齐尺计算，近似于中士之剑和上士之剑。又长沙紫檀铺战国前期的 30 号墓出土一剑长 66 厘米（见《考古通讯》1957 年第 1 期），按楚尺等于 22.5 厘米计算（陈梦家《战国度量衡略说》，《考古》1964 年第 6 期），相当于上士之剑。这些例子说明战国前期《考工记》已在楚地流传。

从剑的演变来看，《考工记》似乎是在公元前五世纪下半叶问世和流传的。凡此种种，戈、戟、剑的演变又为《考工记》的战国初期成书说添一旁证。

4. 弓矢

《考工记》对于弓矢的记载，不厌其详，然而却没有提到"弩"。迄今所发现的实物铜弩机，不早于战国中期。《周礼》、《战国策》中都有弩的记载（见周纬《中国兵器史稿》），近年出土的《孙膑兵法》里也多次提到弩（杨泓《中国古兵器论丛》第 138 页）。战国以前，已有木弩（见《考古》1980 年第 1 期）。《考工记》时代是否已发明铜弩机，不敢妄断，至少是不及《孙膑兵法》和《周礼》著作时代成熟，故未著述在内。由此可以推测，《考工记》的成书比战国中期的《孙膑兵法》及中后期的《周礼》年代要早。

《记》文中提到的箭矢，郑众和郑玄都以为是铜镞铁铤，其实不然。"冶氏"条说："杀矢，刃长寸，围寸，铤十之。"铤长当为一尺。历年出土的铜镞表明，其演变规律大体上由翼形向三棱形进化。铤部长短不一，能达到一尺左右的，迄今只发现三棱形的类型。公元前五世纪的长沙浏城桥楚墓，已有这种长铤出现（见《光明日报》1971 年 11 月 16 日）。战国前期的长沙紫檀铺战国墓出土的三棱形铜镞，全长 21.5 厘米，铤长 19.5 厘米（见《考古通讯》1957 年第 1 期）。正与《记》文的记载相当。时代相近的长沙左家公山 15 号墓，铜镞已长达 36 厘米（见《文物参考资料》1954 年第 12 期），战国前期的长沙东郊墓葬中还出现了铁铤（见《长沙发掘报告》第 43 页）。

《考工记》中箭笴长三尺（《周礼》卷四一"矢人"条郑玄注）。长沙浏城桥楚墓的箭长 75.7 厘米（见《光明日

报》1971年11月16日），比《记》文的要求要长。而随县
曾侯乙墓出土的竹质箭杆通长70厘米（见《文物》1979年
第7期），长沙左家公山15号墓的箭杆长度也是70厘米（见
《文物参考资料》1954年第12期），更接近于《记》文的
规定。

关于弓的长度，高至喜曾对长沙、常德战国墓出土的文
物资料加以分析，并指出"《考工记》中关于弓矢的记载，与
出土的战国弓矢均甚相合"（见《文物》1964年第6期）。

由于《考工记》关于弓矢的记载和战国前期的出土文物
相对应，故弓矢一项，也为《考工记》的战国初期成书说提
供了佐证。

六、关于车制设计

"周人上舆"，进入战国以后，工艺进步，分工益细。由
于"舆人"的一部分专攻车辕，曲辕称辀，故这部分工匠又
称"辀人"。

《记》文"辀人"条说："轮辐三十，以象日月也。盖弓
二十有八，以象星也。"根据已有的出土文物资料，盖弓数往
往在二十左右，辐条数在三十上下，并不严格一律。看来这
是《记》文作者的设计思想。《老子》中也有"三十辐共一
毂"的类似说法，这该是当时流行的一种概念。

在已有的资料中，春秋晚期的淅川县下寺墓地（《文物》
1980年第10期），不早于战国中期的洛阳中州路车马坑和辉
县琉璃阁车马坑（见《考古》1974年第3期。又郭宝钧《山
彪镇与琉璃阁》及《考古》1962年第4期），其车辕形制都

不合《记》文的描述。战国早期偏晚的长沙浏城桥一号楚墓，曾出土车辕明器两件，其一为曲辕，形状前段如"注星"的第一、五、六、七、八颗星，后段水平，正与《记》文"辀注则利准"的描述相符（见《考古学报》1972 年第 1 期）。1978 年江陵天星观一号楚墓出土的十二件龙首曲辕也是这种情况（见《考古学报》1982 年第 1 期）。

古金文"车"字均为象形文字，其中有一个字形，显然是曲辕。康殷在《文字源流浅说》中据此字复原的古车透视示意图中，曲辕的样子也和《记》文相合。可惜至今尚乏战国前期木车的考古资料，《考工记》记载的正确性还有待于日后的地下发掘物来进一步验证。

七、关于所谓阴阳五行问题

夏纬瑛的观点在《考工记》研究领域内独树一帜。他说《考工记》和《周礼》都称"六职"，所以《考工记》原来就是《周礼》的第六篇，不是后来补阙进去的。他在《〈周礼〉书中有关农业条文的解释》中还以为《考工记》"是战国年间齐国的阴阳家所作，而非春秋年间齐国的官书"。

但是仔细分析起来，《记》文开宗明义就宣称的"国有六职"是：王公、士大夫、百工、商旅、农夫和妇功。而《周礼》"小宰"所提到的六职是邦治、邦教、邦礼、邦政、邦刑和邦事。《考工记》讲社会分工，《周礼》指六种官职，两者是难以等同的。显然，《考工记》不是《周礼》原来的第六篇。

《周礼》的作者是谁姑且不论，而《考工记》中有"画缋之事杂五色"之类的提法，并不能肯定它均出自阴阳家的手笔。这是因为，我国的阴阳五行学说在其发展过程中是和科学技术相互影响，互有渗透的。它的来龙去脉学术界还在探讨之中，对此问题的深入讨论已经越出了本文的范围。

史景成在《考工记之成书年代考》一文中提出的论据，除了有关阴阳五行说的内容之外，还涉及《记》文"玉人"条中，所谓"王后与夫人之称不别"和"五等爵"问题（见《书目季刊》1971年春季5卷3期，台北），其立论建筑于东汉郑玄的注释文字之上，郑玄之注与《考工记》原文不见得尽合，故亦有值得商榷之处。

综上所述，《考工记》成书于战国初期，大致可以肯定。此外，关于《考工记》的性质和流传情形，这里不妨再作些分析和推测。

郭沫若说《考工记》是齐国的官书，确实独具慧眼。诚然，在战国初期齐国公私两种量制并行，《记》文嘉量既是公量，很可能是官书。而且《记》文中没有铁器和盐业的记载，也可视作齐国官书的旁证。《考工记》各工种属于封建社会初期官营手工业或家庭小手工业的范畴，作为官书，故未包括豪民所经营的大手工业——冶铁和煮盐业在内。

陈直在《古籍述闻》中认为："考工记疑战国时齐人所撰，而楚人所附益。"他说："辀人别出一章，疑楚人所撰，《方言》：'车辕楚卫人名曰辀也。'"（见《文史》第二辑，1963年）辀人之谓，《考工记》开首的三十工之内确实没有提到。程瑶田以为系舆人之误，可存其一说（见孙诒让《周礼正义》卷十七）。

笔者以为齐人所撰的《考工记》中，应该包括车辕的制法。《诗·秦风·小戎》说"五楘梁辀",秦人早已称辀。《春秋公羊传·僖元年》说:庆父在汶水附近"抗辀经而死"。公羊子是齐人(《汉书·艺文志》的《公羊传》注),则辀也是齐语。何休《春秋公羊解诂》云:"辀,小车辕,冀州以北名之。"可见燕也称辀。辀名如此大行于世,则非《记》文"辀人"条为楚人所撰的独特标识。考虑到《考工记》在战国时期广为流传,有些人将《记》文中的术语改用当地方言是可能的。另一方面,由于各国竞相引进先进技术,工程术语中难免出现"外来语"。也许是齐人原作"舆人为辀",后来改称"辀人为辀"。当然,也不能排除其他诸侯国,特别是楚人略加增益的可能性。

汉时流传的《考工记》不止一种本子(程际盛《周礼故书考》)。王应麟的《困学纪闻》说:"《周礼》,刘向未校之前有古文,校后为今文,古今不同。郑据今文注,故云'故书'。"大概《考工记》在西汉重新问世之后,失次断简曾经整理,故某些文字语气不够统一;虽然其中的"段氏"、"韦氏"、"裘氏"、"筐人"、"楖人"和"雕人"条文已阙,仅存名目,但上下篇的字数基本相同。尽管有增益和整理等情,今本《考工记》能和战国初期的出土文物相互印证,说明其基本内容未变,它作为我国上古至战国初期的手工艺科技知识的结晶,是可以信赖的。汉代"少府"下有"考工室"一职,重新问世的《考工记》一书的命名盖以此欤?

附记:本文写作得到吾师王锦光及胡道静、徐规、沈文倬等先生的热情指教,深表感谢。

2008 年版按语：本文原为笔者 1981 年硕士学位论文的一部分，初刊于《文史》第 23 辑（1984 年 11 月）。附入《考工记译注》1993 年初版时，编辑将文末注释删简后移入了正文。二十多年来，又有新的考古发现和研究问世。有关考古发现资料为本文的论点提供了新的证据。补述如次：

一、从金石乐器形制看其成书年代

1988 年山东阳信西北村一战国早期墓葬的器物陪葬坑、1990 年山东临淄淄河店二号墓（战国早期）等出土的几套编磬，其倨句平均值近于 135 度。特别是淄河店二号墓 M252：2 号磬（断裂为 3 块，无缺失），股宽 10.0、股上边 20.0、鼓上边 30.0 厘米，倨句 135 度，这几个主要尺度与《考工记·磬氏》记载完全一致。齐国故城遗址博物馆藏有一具磬背（股上边）上有篆铭"乐堂"两字的黑石磬，其倨句为 135 度。该石磬出土于齐故城郭城之内的遗址中，可能是东周时齐国乐府所用之乐器。（《中国音乐文物大系》总编辑部《中国音乐文物大系·山东卷》"第一章乐器第九节磬"及附表，大象出版社，2001 年。）

1978 年湖北随县曾侯乙墓出土的一套大型编钟共八组 65 件，其中"下层 2 组 12 件甬钟为一类，形体最大，除衡围外，所有部位与《考工记》记载的长度极为一致"。（参见刘海旺、李京华《三百余件先秦编钟结构制度的统计与分析—实物编钟与〈考工记〉中制度的对比与研究》，载华觉明主编《中国科技典籍研究—第一届中国科技典籍国际会议论文集》，大象出版社，1998 年，第 146 页。）

二、从青铜兵器形制看其成书年代

《考工记·桃氏为剑》记载的是一种盛行于战国早期的剑式。吴越之剑，名闻天下。当时攻伐征战频仍，往西传入楚国，往北传入齐国的机会甚多，故《记》文前言列举了"吴粤之剑"。就吴越和楚地的双箍宽格圆盘首剑而言，与其说是《考工记》的规定流传至吴越、楚地，倒不如说是《考工记》成文时，作者著录了当时的流行式。

三、关于车制设计

我国古独辀车的辐，在商代已有装二十六根的，春秋时有装二十八根或以上的。据刘广定搜集的资料（参阅刘广定《从车轮看考工记的成书时代》，《汉学研究》第 17 卷第 1 期，1999 年），迄今已发现的"轮辐三十"的车轮，最早为春秋早期河南上村岭虢国墓地一车（1051 号车马坑 6 号车。参阅中国科学院考古研究所《上村岭虢国墓地》，1959 年，第 47 页）。较集中出现的是春秋战国之交和战国早期的考古发现。1988 年在山西太原金胜村发掘了 M251 号墓和一座大型车马坑。M251 号墓墓主是赵简子（卒于公元前 475 年）或赵襄子（卒于公元前 425 年），很可能是前者。大型车马坑面积 110 平方米，共有战车、仪仗车 17 辆，其中三辆车的车轮辐条数为三十。（参阅山西省考古研究所、太原市文物管理委员会《太原金胜村 251 号春秋大墓及车马坑发掘简报》，《文物》1989年第 8 期。山西省考古研究所等《太原晋国赵卿墓》表九，文物出版社，1996 年。）1990 年 4 月，山东省文物考古研究所在临淄齐陵镇附近发掘了一座战国早期大墓，即淄河店2号战国墓，在殉葬坑中清理出22辆独辀马车。下葬时车轮被拆下分开放置，共清理出车轮46个（包括残迹），其车辐数最少的20根，但以26及30根的居多。（参阅山东省文物考古研究所《山东淄博市临淄区淄河店二号战国墓》,《考古》2000年第10期。）迄今尚未发现战国中期"轮辐三十"的考古资料。甘肃平凉庙庄战国晚期秦墓所出木车和秦始皇陵所出铜车上也能看到装三十辐的车轮。《老子》中提到"三十辐共一毂"，亦与《考工记》的叙述相符。刘广定注意的是"除上村岭之一车，金胜村之三车与临淄之多辆车外，其他车轮之辐数亦均与《考工记》所载不同"。他认为："史景成先生'作于阴阳五行说盛行之战国晚期'说应为上限，不会更早。"（参阅刘广定《再研〈考工记〉》,《广西民族学院学报（自然科学版）》2005年第3期。）但笔者从另一个角度分析，正是金胜村251号赵卿墓和淄河店2号战国墓车马坑的考古发现，作为迄今为止最接近于《考工记》时代的实物资料，传达了一个不可忽视的信息："轮辐三十"不仅是一种取法于大自然的机械设计思想的体现，而且在公元前五世纪上半叶曾有意识地付诸实践过。

四、二十八宿

1978年湖北随县战国初年曾侯乙墓出土的漆箱盖上，围绕北斗的"斗"字，绘有一圈二十八宿的名称，两端还配绘苍龙和白虎。这是战国初关于我国二十八宿及四象的考古资料，由此可证《考工记》"盖弓二十有八，以象星也"有当时天文学知识的背景。

《考工记》的版本源流

闻人军

《考工记》编成于战国初期，在流布中，可能出现过几种战国古文《考工记》，如南齐时襄阳楚王冢出土的科斗书《考工记》之类（事见《南齐书·文惠太子传》）。因遭秦世焚书之劫，《考工记》亦一度散佚。西汉复出之本，已有残缺，阙"段氏"、"韦氏"、"裘氏"、"筐人"、"㮚人"、"雕人"六节。当时《周官》六官缺第六官《冬官》，遂以《考工记》补阙，补入时，或许已经由山东儒生之手，作了初步整理。《考工记》恐原无书名，西汉"少府"下有"考工室"一职，主作器械，《考工记》的得名很可能与此有关。西汉时，《考工记》既有以东方六国古文书写的"故书"，又有口耳相传，用隶书著之于简帛的今"书"。自刘向、刘歆父子校定之后，《考工记》随《周官》一起有了隶定之本。

刘歆以降，杜子春、郑兴和郑众父子、贾徽和贾逵父子、以及马融等人纷纷注释《周礼》（即《周官》），各有不同程度的成就。及郑玄出，先从张恭祖受《周官》、《礼记》，后师事马融受其《周官传》，并兼采杜子春、二郑之说，"赞而辩之"，作《周礼注》，它与《仪礼注》和《礼记注》合称郑氏《三礼注》，系集今古文经学之大成的著作，一向为学林所推重。隋唐以前诸家的《周礼》注，有的尚有吉光片羽散见于他人著作之中，然大多已湮没，硕果仅存者，唯郑玄《周礼注》一书而已，后世种种版本，均自此书繁衍而来。

魏晋时，除传注外，出现了集解。南北朝时，又兴起义疏之学。唐贾公彦据晋陈劭的《周官礼异同评》十二卷、北周沈重的《周官礼义疏》四十卷等，按孔颖达、颜师古等《五经正义》的体例，奉敕撰成《周礼疏》五十卷。

在此之前，南朝末年，陆德明采摭诸本，搜访异同，撰成《经典释文》三十卷（其中卷八和卷九为《周礼音义》）。此书考证字音，兼收字义辨释，对经典文字的异同，亦多所考正，为《考工记》校勘保存了不少有价值的材料。《经典释文》较为常见的是清徐乾学通志堂本，1983 年由中华书局影印出版。国内唐抄本已失传，日本则藏有唐代写本《经典释文》。京都帝国大学文学部辑有《唐钞本丛书》，1935 年景印了第二集 04—06 册，其中 05 册是《经典释文》残卷（损坏第 31 页）。现存《经典释文》的最早刻本，则是北京图书馆所藏的宋乾德三年（965）刻宋元递修本（监本），1980 年由上海古籍出版社影印出版线装本，1985 年该社又据原版缩印出版精装和平装本，以利流传。

《周礼》的各种版本之中，现存最古的是唐文宗开成二年（837）以楷书写刻的"唐开成石壁十二经"，世称"开成石经"或"唐石经"。《开成石经》当年立于长安太学内，现已移入西安市三学街陕西省博物馆的西安碑林。旧有以《开成石经》为准的唐石经《周礼》十二卷流传。民国十五年（1926），江苏武进人陶湘曾代张氏皕忍堂由北京文楷斋工人模刻《唐开成石壁十二经》，有朱、墨、蓝色三种印本，纸白字大，刻印皆精。但《开成石经》也有多处阙误，一般都用其校勘，而不是作为底本使用。

雕版经传始于五代。后唐长兴三年（932），由冯道等发端，开始依据《开成石经》校刻包括《周礼》在内的《九经》，至后周广顺三年（953）刻完，世称《五代监本九经》，现已全佚。监本虽然地位最尊，但民间抄本和雕印本依然绵绵不绝。

宋代雕版印刷大盛，现存最古的雕版印刷的《周礼·考工记》是宋刻本。《周礼·考工记》和单解《考工记》的宋刻本，约存十多种，大部已收入1985年10月上海古籍出版社出版的《中国古籍善本书目（经部）》。宋本分官刻本、家刻本和坊刻本三大类。宋初国子监雕刻《九经》均以冯道旧监本为底本，宋监本《周礼》恐已失传。北京图书馆尚藏有南宋两浙东路茶盐司刻宋元递修本唐贾公彦《周礼疏》五十卷等。台北故宫博物院于1976年影印出版的"景印宋浙东茶盐司本《周礼注疏》"五十卷，书中实际上是贾公彦《周礼疏》五十卷。宋代的家刻本校勘比较精审。南宋廖氏世綵堂据家藏的唐石经本、建安余仁仲《周礼郑注陆音义》十二卷、兴国于氏本、附释音注疏建本等二十三种版本，校订成《周礼》十二卷等《九经》。后元初相台岳氏据此刊于家塾。建安余仁仲的万卷堂是宋代书坊中颇为有名者，元初岳氏《刊正九经三传沿革例》称："前辈谓兴国于氏本及建安余氏本为最善，逮详考之，亦彼善于此尔。又于本音义不列于本文下，率隔数页，始一聚见，不便寻索，且经之与注遗脱滋多；余本间不免误舛，要皆不足以言善也。"叶德辉《书林清话》卷六说：岳氏相台家塾所刊《九经三传》，"似乎审定极精，而取唐、蜀石经校之，往往彼长而此短"。旧传以为相台岳氏指岳珂，据《张政烺文史论集》中的考证，当是岳浚。传世的宋婺州唐宅刻本《周礼》十二卷，也是单注本，卷三后有"婺州市门巷唐宅刊"牌记，卷四、卷十二末镌"婺州唐奉议宅"牌记。赵万里先生在《中国版刻图录》一书叙录中指出："宋讳缺笔至桓、完字。刻工沈亨、余竑又刻《广韵》。《广韵》缺笔至构、慎字，因推知此书是当南宋初期刻本。"此宋本曾藏海源阁，后转周叔弢收藏，现珍藏于国家图书馆。此外，宋代又有京本《附释音纂图互注重言重意周礼》十二卷、巾箱本《纂图附音重言重意互注周礼郑注》十二卷之类，供士人帖括之用。

《周礼》的注和疏原来分别流传，南宋初年，出现了"正经注疏，萃见一书"的《周礼疏》五十卷司刻本。不知何时又有了注疏合刻的《周礼注疏》四十二卷，更为通行。后遂有各种各样的《周礼注疏》版本。

单解《考工记》的著作始于宋朝，宋元明清，代有新本出现，为数亦相当可观。其中较有名的是北宋王安石的《考工记解》、南宋林希逸的《鬳斋考工记解》、明末徐光启的《考工记解》、清戴震的《考工记图》等。现存林氏《鬳斋考工记解》的最早版本是宋刻元明递修本，藏于上海图书馆。上海复旦大学图书馆藏有徐光启《考工记解》的清抄本，已由上海古籍出版社于 1983 年列入《徐光启著译集》影印出版。2010 年，上海古籍出版社出版了十大册精装本《徐光启全集》，其中的《考工记解》是由李天纲点校的排印本。翌年，上海古籍出版社又分册出版了平装本，便于普及，《考工记解》所在的一册名为《测量法义（外九种）》。戴震《考工记图》相当有名，它的版本很多，最初的是清乾隆间纪氏阅微草堂刻本，较通行的是 1955 年上海商务印书馆本。需要说明的是，此类著作的经文均节自《周礼》，并非重新发现了《考工记》古本。

自宋至今，含《考工记》全文的各种书籍已刻数百种，诚难一一列举。下面仅就几条主要的版本源流作一简单的介绍。

（1）《四部丛刊》本系统

《四部丛刊》本《周礼》十二卷，即民国十八年（1929）上海商务印书馆影印叶德辉观古堂所藏明嘉靖间翻元初岳氏相台本。岳氏相台本系据南宋世绿堂廖氏《九经》本校正重刻。

（2）《丛书集成》本系统

《丛书集成》本《周礼郑氏注》十二卷，民国二十五年（1936）上海商务印书馆据清嘉庆戊寅（1818）黄丕烈《士礼居丛书》本排印。《士礼居丛书》的《周礼郑氏注》以明嘉靖间徐氏翻宋《三礼》本为底本，参照绍兴间集古堂董氏雕本、宋单注本和余仁仲本校改，书后附有《重雕嘉靖本校宋周礼札记》。

《四部丛刊》影印的明嘉靖翻元本附有陆氏《音义》，《士礼居丛书》所据的嘉靖翻宋本不附《音义》。阮元《周礼注疏校勘记·序》说后者"不附音义而胜于宋椠余氏、岳氏等本，当是依北宋所传古本也"。嘉靖徐氏刻《三礼》本，现藏于北京图书馆，上有清钱听默、黄丕烈、陆损之校并跋。王重民《中国善本书提要》认为：不附音义的嘉靖翻宋本，"孙诒让晚始见之，以校黄本，黄本每多差误"。

（3）《四部备要》本系统

《四部备要》本《周礼》四十二卷，即民国十七年（1928）上海中华书局据明崇祯间永怀堂《十三经古注》原刻本校刊的排印本。永怀堂原刻本系明东吴金蟠、葛鼐的校订本，大概源出某种《周礼注疏》四十二卷本。《四部备要》本保留了永怀堂本的风格，订正了某些错误，也出现了一些新的疏误。

（4）中华书局《十三经注疏》本

阮元主持校刻的《十三经注疏》号称善本，其中的《附释音周礼注疏》四十二卷原出南宋建本，即宋十行本。明嘉靖中，用宋十行本重刻闽板《周礼注疏》四十二卷。万历二十一年（1593）用闽本重刻北监本。崇祯元年（1628）常熟毛晋用北监本重刻汲古阁毛氏本。清乾隆四年（1739）据明北监本重校刊《周礼注疏》四十二卷，是为武英殿《十三经注疏附考证》本。嘉庆二十年（1815）江西南昌府学刻印阮元的《重刻宋本十三经注疏附校勘记》。1935年上海世界书局根据南昌府学初刻本缩小石印。1980年北京中华书局据世界书局缩印本影印，影印前曾与同治十二年（1873）江西书局重修阮本及点石斋石印本核对，改正了一些文字讹脱和剪贴错误。阮刻《附释音周礼注疏》的底本是元代建刻坊本，阮元认为："内补刻者极恶劣，凡闽、监、毛本所不误者，补刻多误。"（阮元《周礼注疏校勘记·序》）阮氏的《周礼注疏校勘记》先由臧庸引据各本校其异同，后由阮氏本人正其是非。其子阮福撰《雷塘庵弟子记》说："此书尚未校刻完竣，即奉命移抚河南，校书之人不能细心，其中错字甚多。有监本、毛本不错而今反错者，《校勘记》去取亦不尽善，故大人不以此刻本为善也。"（叶德辉《书林清话》卷九）对阮刻《十三经注疏》及其《周礼注疏校勘记》中的疏误，孙诒让的《十三经注疏校勘记》作过校正，然仍未尽。

（5）《四库全书》本系统

乾隆间纂修《四库全书》，其中的《周礼注疏》四十二卷采用内府所藏监本，或即阮元《周礼注疏校勘记》中提到的何焯康熙丙戌（1706）所见的"内府宋板元修注疏本"。文渊阁《四库全书》已在 1986 年由台湾商务印书馆影印出版，文澜阁《四库全书》在 2015 年由杭州出版社影印出版，加入流通。

（6）《九经》系统

《九经》之"刊板昉于五代，至宋咸平始颁州县，较汉唐石经传布差广"。明末无锡秦镗求古斋"爰取《九经》，重加订正，略其疏义，存厥本文，字句之间，颇攻雠较，越六载"（秦镗《九经·序》），于崇祯十三年（1640）完成摹宋刻小本《九经》。王士祯《分甘余话》云：秦刻《九经》"剞劂最精，点画不苟"（叶德辉《书林清话》卷九）。后来此书又有清观古堂刊本、清据秦刻重刊本，但质量不及秦氏原刻本。

（7）"八行本"系统

南宋初年两浙东路茶盐司注疏合刻《周礼疏》五十卷，半叶八行，俗称"八行本"，今存主要有三部传本。其中北大藏一部残本，另中国国家图书馆、台北故宫博物院各藏一部全本。"八行本"优于元代建州坊刻"十行本"。1976年台北故宫博物院影印出版所藏南宋两浙东路茶盐司刊明初修补《周礼疏》五十卷本。上海古籍出版社以国家图书馆藏宋八行本《周礼疏》为底本，参校诸本整理而成《周礼注疏》，已于2010年出版。

在国外，主要是朝鲜、日本，《考工记》也有多种版本。高丽成宗朝（995—997）曾遣使向宋朝求得板本《九经》，内含《周礼》。文宗十年（1056）西京留守建议"京内进士、明经等诸业举人，所业书籍率皆传写，字多乖错，请分赐秘阁所藏《九经》，《汉》，《晋》，《唐书》，《论语》，《孝经》，子、史、诸家文集，医卜、地理、律算诸书，置于诸学院，命所司各印一本，送之"（《增补文献通考》卷二四二《艺文考》）。自此有了《周礼》朝鲜刻本。十一世纪朝鲜还翻刻过宋本《三礼图》。在中国发明活字印刷术之后，十三世纪初朝鲜创铸字印书法。十五世纪初，李朝开始大规模铸铜活字，印经、史、子、集诸书，但成化以前《周礼》的印数有限。至成化年间（1465—1487），"以所藏铸本"大事刻印《纂图互注周礼》十二卷、《礼图》一卷等（清初朝鲜刊本，杭州大学图书馆藏），此后，又曾翻刻。

约自明代起，《周礼》有了日本开版本。其中有些又流进中国，如：《周礼注疏》六卷宽永（1624—1643）刊本，《周礼注疏〉四十二卷宽延二年（1749）皇都书肆大和屋伊兵卫等刊本，《周礼注疏》文化（1804—1817）刊本等。1977 和 1979 年本田二郎著、原田种成校阅的《周礼通释》上、下卷相继在东京由株式会社秀英出版。

法国汉学家、工程师毕瓯（E. Biot）的《周礼》法译本（*Le Tcheou-li ou Rites des Tcheou*）作二卷，1851 年在巴黎由法国国立出版社（Imprimerie Nationale）出版，毕瓯所用的底本是清方苞编的《钦定周官义疏》。毕瓯的法译本是《周礼》的第一个、也是迄今为止唯一的西文全译本，也是《考工记》的第一个西文全译本。1939 年北平文典阁曾据此影印，1975 年台北成文出版社又影印。近年，西方出版界出现了几种新影印本和电子书。

2012 年夏拙译《中国古代技术百科全书——考工记译注》(*Ancient Encyclopedia of Technology — Translation and annotation of the Kaogong ji (the Artificers' Record)*)（2013 年版）由英国劳特利奇（Routledge）出版社出版。此译本以《四部丛刊》本为底本，这是第一本正式出版的《考工记》英译本。2014 年，劳特利奇出版社又推出了它的 Kindle 电子版。《考工记》的第一个德文译本是赫尔曼（Konrad Herrmann）的德文译注（关增建、Konrad Herrmann 译注：《考工记翻译与评注》，上海交通大学出版社，2014 年）。

《考工记》的中文版本虽多，然此错彼差，常令校勘者有善本难求之叹。鉴于《考工记》文字之异同由来已久，大多在隋唐以前，有些在汉代甚至汉以前就已发生，搜齐现存的全部版本既难办到，又非必要。如果以上述各个系统的代表性版本为基础，加上《开成石经》本，参照东汉许慎的《说文解字》、陆德明的《经典释文》，以及唐宋时期关于经文正误的一些文字学著作，尽量利用清儒和当代的研究成果，将清儒段玉裁的"定其底本之是非"与"断其立说之是非"结合起来研究，就有可能把《考工记》校勘到郑玄注《周礼》时的样子。至于恢复先秦旧貌，现下还可望而不可即，只能寄希望于未来的考古发现。

术语索引

2008年版后记

　　《考工记译注》完稿于 1988 年，初版于 1993 年；上编为译注，注释从属于译文。下编为原文，及必要的校勘和附录。当初交稿后，笔者即赴美国作高级访问学者。出版时，笔者已在美国硅谷电子公司工作，没有机会校对。初版中有一些误排，未能校改。特别是原图 1—9 "吴王光剑和越王勾践剑"中，光剑之图和勾践剑之图在排版时相互调错，现借再版之机予以说明。

　　是次再版，实为增订版。根据出版社的要求，体例更改为原文、注释、译文，内容上要尽量参考吸收学术界近年的研究成果。几个月来，笔者白天在 Smart Modular Technologies Inc. 当 Senior Hardware Engineer；晚上履行浙江大学科技与文化研究所兼职研究员之责，沉浸于《考工记》研究，幸有所得。新书对注释和译文做了不少更新补充。对于一些比较难读或者较有争议的文句，加了较多的注释。三分之一以上的插图作了更新，以便吸收新的考古发现或利于阅读。书后补充了插图目录，注明资料来源。笔者原计划退休后英译《考工记》，由于这次再版的激励，如有时间，该计划可能提前启动。

　　最后，笔者愿借此一角说明：责任编辑熊扬志先生以学术论文的标准严格要求、审稿精细。杭州师范大学汪少华先生介绍《考工记》研究近况、提供了好几篇国内的《考工记》研究论文。多年老友吴景春先生帮助收集参考资料。内侄女王晴虹帮助筹划将初版排印本转换成电子文档，以便增删。妻子王雅增帮助绘制了部分插图。Stanford 大学东亚图书馆和艺术建筑图书馆、San Jose 公共图书馆馆际借书服务处提供了负责高效的服务。特此致谢。除了上述先生、女士以外，本书引用的插图的原作者们也请接受笔者诚挚的谢意。

闻人军
2007 年 10 月完稿于加州硅谷之阳光谷

修订本后记

　　《考工记译注》作为"中国古代科技名著译注丛书"之一，初版于1993年。2008年版的《考工记译注》虽无增订版之名，却有增订版之实。是次修订，特正名为《考工记译注》（修订本），以便区分。

　　笔者早有英译《考工记》之愿，在2008年版"后记"中大胆说出了这个计划。机缘凑巧，翌年变换工作，即利用机会以《考工记导读》《考工记译注》等前期工作为基础，着手英译。事随人愿，英译《考工记》（*Ancient Chinese Encyclopedia of Technology: Translation and annotation of the Kaogong ji（the Artificers' Record）*）（2013年版）由英国Routledge出版社列入该社"亚洲早期历史研究"丛书，于2012年夏在英美两地提前问世。

　　2014年10月，"2011计划"出土文献与中国古代文明研究协同创新中心正式成立，复旦大学出土文献和古文字研究中心的汪少华先生邀请我加入了"基于出土资料的上古文献名物研究"团队。作为上述两个中心的研究成果，2017年3月拙著《考工司南：中国古代科技名物论集》由上海古籍出版社出版。是年秋天，笔者退休，自此告别电子工业领域，专注于科技史研究。承复旦大学出土文献和古文字研究中心邀请参访与研究，忝列"复旦中文百年讲坛"，作《考工司南纵横谈》的专题报告。随后也在母校上海交通大学和浙江大学，作了专题讲座，进行学术交流。三校之行虽短，与学术界的互动交流获益良多。

　　2019年，在一篇"史家访谈"（韩玉芬、闻人军：《锦光师范长存闻人考工司南：闻人军先生访谈录》，《自然科学史研究》2019年第3期）中，笔者回顾了1978年以来研读《考工记》的历程，追思业师王锦光先生以及胡道静先生等对我的培育指引、提携之恩；也提及《考工记译注》的修订事宜，报告了《考工记译注》（修订本）的进度。

今接获精心编辑的清样，电子本已然成形，版面美观的纸质本呼之欲出。此"修订本"的修订主要有下列四点：1. 遵循《考工记》传本的传统，将章节划分与之对应。注码统一置于句末。注释一般先释整句，后释单词。2. 更正了旧版中的一些疏失、刊误，调整增补了一些插图。3. 编制了本书卷上、卷下的术语索引。4. 根据学术界和本人的研究成果，在学术观点、注释内容和参考资料上充实更新：（1）《弓人》节"往体"、"来体"句错简的校读、确认。（2）《锺氏》《凫氏》《鲍人》等节的错简问题。（3）"膊"、"薳"、"射侯"、"牝服"等名物，"拨尔而怒"、"璧羡度尺"、"黄钟之宫"、"磬折以叁伍"、"为渊"等词语的合理解释。（4）"齐升陶量"和栗氏量尺新证。（5）嘉量铭文、徐光启《考工记解·跋》作者考辨。（6）《考工记》制弓术的分析与科学解释。（7）编钟、"磬折"实例和新蔡楚简"䋣"量等《考工记》流传新证。不足之处，诚望识者批评指正。

本书之修订，出版社领导和相关部门非常重视、热情支持，承蒙责任编辑钮君怡女士、王其亨先生、程贞一先生、韩玉芬女士等提供宝贵的意见，复旦大学出土文献和古文字研究中心与汪少华先生、浙江大学文学院、Stanford 大学东亚图书馆、San Jose 公共图书馆等大力支持，谨表衷心的感谢！也要由衷感谢妻子和全家人的全力支持，使我多年来能够在《考工记》研究之路上持续前行。

生逢 2020 极不平凡之年，母亲闻人灿 95 岁，思维依然非常清晰。不久前，她天天用 iPad 关注新冠疫情和加州山火灾情，时刻挂念我的安危。"慈母手中线，游子身上衣"再续新篇。未及呈上新书，12 月 4 日慈母与世长辞，怀念永留。

闻人军

2020 年 12 月于加州硅谷之阳光谷

2023 年 5 月修改于美国加州硅谷

去年夏天，汪少华先生惠赠新作《〈考工记〉名物汇证》。随后，小文《喜读〈《考工记》名物汇证〉》刊于《中华读书报》（2020 年 10 月 28 日）。今年 7 月，欣闻《〈考工记〉名物汇证》获授第五届中国出版政府奖图书奖。《考工记》日益进入大众的视野。现上海古籍出版社将《考工记译注》收入"中国古代名著全本译注丛书"，以期更多的读者能了解中国古代名著《考工记》。中华文明的这一宝贵遗产将广为流传，不断发扬光大。

闻人军
2021 年 8 月补记

中国古代名著全本译注丛书

周易译注   孔丛子译注
尚书译注   荀子译注
诗经译注   中说译注
周礼译注   老子译注
仪礼译注   庄子译注
礼记译注   列子译注
大戴礼记译注   孙子译注
左传译注   鬼谷子译注
春秋公羊传译注   六韬·三略译注
春秋穀梁传译注   管子译注
论语译注   韩非子译注
孟子译注   墨子译注
孝经译注   尸子译注
尔雅译注   淮南子译注
考工记译注   说苑译注
                        近思录译注
国语译注   传习录译注
战国策译注   齐民要术译注
三国志译注   金匮要略译注
贞观政要译注   食疗本草译注
吕氏春秋译注   救荒本草译注
商君书译注   饮膳正要译注
晏子春秋译注   洗冤集录译注
入蜀记译注·吴船录译注   周髀算经译注
                        九章算术译注
孔子家语译注   茶经译注（外三种）修订本